Alte und neuzeitliche
Ernährungsfragen
unter Mitberücksichtigung wirtschaftlicher Gesichtspunkte

Von

Professor Dr. Carl v. Noorden

Geheimer Medizinalrat
Vorstand der Sonderabteilung für Stoffwechselstörungen
und diätetische Heilmethoden des Krankenhauses
der Stadt Wien

Springer-Verlag Berlin Heidelberg GmbH
1931

Ursprünglich erschienen bei Julius Springer in Berlin 1931

ISBN 978-3-662-27892-5 ISBN 978-3-662-29395-9 (eBook)
DOI 10.1007/978-3-662-29395-9

Aus der Sonderabteilung für Stoffwechsel- und Ernährungsstörungen
und für diätetische Heilmethoden des Krankenhauses der Stadt Wien.

Meiner lieben Frau und Mitarbeiterin

Herta Hedwig v. Noorden

gewidmet

zum 19. Juli 1931.

Vorwort.

Die vorliegende Abhandlung ist eine erweiterte Ausarbeitung des Vortrages über „alte und neue Ernährungsfragen", den ich auf Wunsch des Vereins für innere Medizin am 17. November 1930 im Virchow-Langenbeckhause in Berlin hielt. Soweit Rohkostfragen in Betracht kommen, war deren meines Erachtens richtige Wertung als therapeutisches Hilfsmittel von mir bereits in der Zeitschrift „Ther. Gegenw. **1928**, Juliheft" dargestellt worden. Ein kurzer Auszug meines Vortrages erschien inzwischen unter dem Titel „Über alte und neue Ernährungsfragen" in der Dtsch. med. Wschr. **1931** Nr 1, ein weiterer Aufsatz, der Fragen allgemeineren Interesses herausgriff, unter dem Titel „Ernährungsfragen von heute" in der Zeitschr. „Volksernährung **1931**, Nr 12/13".

Ich bin in dieser Abhandlung auf die historische Entwicklung mancher Krankenkostfragen eingegangen, da ohne Kenntnis derselben Sinn, Tragweite und fortschrittliche Errungenschaften der neuzeitlichen Ernährungsprobleme nicht richtig abzuschätzen sind. Ich habe des weiteren manche Eigenerfahrungen aus der allgemeinen und speziellen Therapie eingeflochten, die in nur lockerem Zusammenhange mit dem Gesamtthema stehen. Ich tat dies, weil ich nicht weiß, ob ich Gelegenheit haben werde, anderen Ortes darauf zurückzukommen.

Hinausgreifend über rein ärztliche Betrachtungsweise erörterte ich auch wichtige wirtschaftliche Folgen, die sich aus bisheriger Anwendungsform und weiterer Ausdehnung der Rohkost auf Kranken- und Volksernährung ergeben.

Der Leser darf nicht eine planmäßig erschöpfende Darstellung aller uns jetzt beschäftigenden Ernährungsfragen erwarten, wie es bei einem „Ergebnisbericht" berechtigt wäre. Ich habe im wesentlichen nur solche Fragen ausführlich besprochen, die in meinem und meiner Schüler Arbeitsgebiete lagen und liegen. Immerhin erstrecken sich dieselben über weite Gebiete.

Wien XIX, im August 1931.

Hasenauer Straße 26.

Carl v. Noorden.

Inhaltsverzeichnis.

Inhaltsverzeichnis der Krankheitsgruppen.

I. Einleitung.

Alle Ärzte und alle gebildeten Laien, darüber hinaus aber noch weite Schichten der Bevölkerung in allen Kulturstaaten sind seit einigen Jahren in eine Bewegung hineingezogen, die auf Umstellung unserer Kost hinzielt.

Die Bewegung erstreckt sich auf Krankenkost und auf Volksernährung. Wie schon mehrfach in diätetischen Fragen wurden auch neuerdings Erfahrungen bei krankhaften Zuständen Ausgangspunkt. Und wie gleichfalls schon öfters, aber jetzt breiteren und stärkeren Maßes als je zuvor, hören wir verkünden, eine ganz neue Ernährungslehre sei im Entstehen bzw. schon zur Tatsache geworden. Selbst an Grundfesten der Ernährungswissenschaft, wie z. B. an den gesicherten Forschungsergebnissen über Calorienumsatz und -bedarf, Eiweißumsatz und -bedarf, Gesetz der Isodynamie der Nährstoffe ward zu rütteln versucht. Kein Naturwissenschaftler wird behaupten wollen, daß diese und andere Wissensgebiete abgeschlossen seien; er wird vielmehr jede Korrektur und jede Weiterentwicklung freudig begrüßen. Wir müssen aber dagegen Einspruch erheben, wenn an altbekannten Tatsachen, an mühsamen Arbeiten ernster Männer, an früheren Erörterungen und Lehren achtlos vorbeigegangen wird; wenn sie aber verwertet werden, daß dann die Darstellung bei dem Laien und auch bei dem in entsprechenden Fragen weniger bewanderten Arzte, beim Hören oder Lesen, den Eindruck hinterläßt, er stehe vor einem „Inventum novum". Zweifellos begünstigt solchen Eindruck die ungeheure Macht einer Presse, deren Existenz auf Neuigkeiten fußt. Auch in dem Buche M. Gerson's (20) ist, aber offenbar absichtslos, gar manches Alte in solcher Form vorgebracht, daß es zumindest dem Laien als Neues erscheinen kann.

Eine stattliche Zahl mehr oder minder ernst zu nehmender Zeitschriften wurde auf das Schlagwort „neue Ernährungslehre" gegründet und leben von Wiederholung dieses Wortes auf jeder Seite. Der kundige Leser kann sich oft des Eindruckes nicht erwehren, daß die Autoren das, was sie im Sinne der Zeitströmung schreiben, wirklich in gutem Glauben als neu vortragen, und zwar nur deshalb, weil sie von Vorgeschichte und Entwicklung der Ernährungsfragen nicht hinreichendes wissen.

Wenn man die Teilstücke dessen, was als neu ausgegeben wird, durchprüft, so ergibt sich für Krankenkost, daß tatsächlich gewisse Einzelgebiete von der jungen Bewegung mit neuen Gedanken erfüllt wurden, wobei es sich im wesentlichen um Übertragung bereits geläufiger und bewährter Kostformen auf anderes und breiteres Gelände handelt. In bezug auf Volksernährung ist die angestrebte Verschiebung ungleich folgenschwerer; schon deshalb, weil sie für ungeheuer viel weitere Kreise belangreich ist, und weil jede grundsätzliche Änderung der Volkskost das Mahnwort „Videant Consules" wachrufen muß.

Obwohl alles, was man jetzt „neue Ernährungslehre" nennt, in seinen Einzelstücken und als Ganzes, seit geraumer Zeit breite Erörterung fand, in ihrer Gesamtheit wohl am vollständigsten durchgeführt und am nachdrücklichsten gepriesen, aber auch mit vielem übertriebenem und störendem Beiwerk umkleidet bei M. Bircher-Benner (6), wäre es ungerecht, zu verkennen, daß M. Gerson den Anstoß für die volkstümlich gewordene starke Bewegung in Ernährungsfragen gegeben hat. Seine ersten an Einzelheiten haftenden Versuche und Meinungen, ursprünglich auf schmale Basis gestützt, wären vielleicht verklungen, wenn nicht ein Zufall ihn mit den diäto-therapeutischen Bestrebungen E. Sauerbruch's und A. Herrmannsdorfer's verknüpft hätte (78). Wer sachkundig die Schriften M. Gerson's liest, erkennt sofort, daß er sich in bezug auf Theorie vielfach unkritischer Darstellung, in bezug auf praktische Ratschläge vielfacher Übertreibungen schuldig machte. Daß gerade E. Sauerbruch (77), der anfangs im gleichen Fahrwasser sich zu befinden schien, dies scharf zum Ausdruck brachte, sei besonders hervorgehoben. Wir dürfen jenes Verschulden nicht zu hoch werten. Es ist die Eigenschaft nicht nur aller neuen, sondern auch noch höheren Maßes aller vermeintlich neuen Lehren, die nicht auf naturwissenschaftlich fester oder mindestens auf theoretisch vorbereiteter Grundlage ruhen, daß sie mit Übertreibungen in die Welt treten und ihren Weg machen, und daß oft die Übertreibungen, ja sogar offenbar irrige Behauptungen höheren Maßes als die tatsächlichen Unterlagen sich in werbende Kraft umsetzen. Keineswegs zutreffend ist dies freilich für die vollkommen unabhängig von M. Gerson entstandenen grundlegenden Arbeiten von E. Sauerbruch (76) und A. Herrmannsdorfer (26), deren Veröffentlichung jahrelange klinische Feststellungen über diätetische Beeinflussung der Wundheilung vorausgingen. Freilich waren gegen die theoretische Begründung und Erklärung ihrer günstigen Erfolge und gegen die Stichhaltigkeit der biologischen Methoden, womit A. Herrmannsdorfer in fleißiger und mühsamer Arbeit die Theorie der Wirkkraft seiner diätetischen Maßnahmen zu finden suchte, gar manche Einwände zu erheben. Die Unzulänglichkeit der theoretischen Beweisführung durfte aber — was leider tatsächlich geschehen ist — nicht dazu führen, den ursächlichen Zusammenhang zwischen der von ihm eingeschlagenen diätetischen Methode und der Beeinflussung der Wundheilung grundsätzlich zu bestreiten und als irrtümliches Hineindeuten eines „propter hoc" an Stelle eines „post hoc" auszulegen. Begeisterte Aufnahme der therapeutisch äußerst wichtigen Tatsachen und Vertagung der theoretischen Deutung, die in Wirklichkeit übrigens schon vorlag (S. 25), wäre der richtige Standpunkt gewesen.

Ernährungsgeschichtlich betrachtet, ist das bisher wichtigste und hoffentlich bleibende Ergebnis der neuen Bewegung, daß in bezug auf Krankenkost die diätetische Heilkunst Einzug und Anklang fand in manchen fachärztlichen Kreisen, die sich Jahre und Jahrzehnte hindurch der diätetischen Hilfskraft hartnäckig verschlossen oder mit der Diätetik nur oberflächlich spielten, und daß die neue Bewegung in bezug auf Volksernährung breiteste Schichten aufhorchen ließ und ihnen die keineswegs neue, aber früher ungenügend beachtete Lehre einhämmerte, daß bei Auswahl der Nahrungsmittel wie bei deren küchentechnischer Zubereitung gar manches Altgewohnte besserungsfähig sei. Dies letztere spielt zum Teil stark in volkswirtschaftliche Fragen hinein.

II. Sonderverhältnisse bei Krankenkost und Volkskost.

Es ist von vornherein selbstverständlich, daß sehr wesentliche Unterschiede gemacht werden müssen für die Beurteilung gleicher Ernährungsgrundsätze bei Krankenkost und bei Volkskost. Bei Krankenkost handelt es sich fast immer nur um zeitlich begrenzte Maßnahmen, die dauernd ärztlicher Überwachung unterstehen, die jeder Zeit — je nach augenblicklicher Lage des Einzelfalles — abgeändert werden können, und die wegen umsichtiger und zeitlicher Begrenzung auch ohne Einfluß bleiben auf das Schicksal künftiger Generationen. Welcher Art auch immer, fallen sie volkswirtschaftlich kaum ins Gewicht. Anders bei der Volkskost. Hier strebt die neuzeitliche Bewegung eine auf breiteste Massen, auf Kinder und Erwachsene, auf Schichten mit höchst verschiedenen Lebens- und Arbeitsbedingungen, auf Menschen mit höchst verschieden anspruchsvollem Stoffwechsel sich erstreckende Umstellung alter Gewohnheiten an. Es sollen Abänderungen eingeführt werden, für die bei uns jede Tradition fehlt, deren Durchführung und Auswirkung nicht überwacht wird, deren Tragweite schon bei kleinen, dem Unkundigen unwesentlich erscheinenden Abweichungen im Aufbau der Gesamtkost unberechenbar wird, deren Einfluß auf die Mitglieder schon einer einzigen Speisegemeinschaft sehr verschieden sein muß, und von denen wir noch nicht wissen, wie sie auf die Dauer den einzelnen und nun gar künftige Generationen beeinflussen würden. Wegen der Massenwirkung wäre die Umstellung auch stärksten Einflusses auf volkswirtschaftliche Belange.

Die ärztliche diätetische Kunst hatte es sinngemäß immer mit Einzelpersönlichkeiten zu tun, und wo sie Höchstes leistete, war es immer eine auf die Person zugeschnittene Einzelleistung. Wir finden darüber schon bei Paracelsus reizvolle Belege. Daß günstige Erfahrungen am einzelnen auch für andere ähnliche Fälle ausgenutzt wurden, ist selbstverständlich und liegt im Sinne dessen, was wir ärztliche Erfahrung nennen. Nur allzu oft hat freilich die Sucht zum Verallgemeinern den Urheber und noch mehr die Nachahmer neuer diätetischer Gesichtspunkte zu schematischem Handeln und zum Vernachlässigen der besonderen Lage des Einzelfalles verführt. Den Kampf gegen solchen Mißbrauch hat erst die neuere Zeit seit etlichen Jahrzehnten mit Nachdruck aufgenommen; aber, wie gerade letztjährige Erfahrungen wieder zeigen, hat dieser Kampf noch nicht vollen Erfolg gehabt. Das üble Schematisieren hat wieder überhandgenommen.

Auf die Volkskost haben ärztliche Erfahrungen, die vom Krankenbette her stammen, und auch die wissenschaftliche Hygiene gewissen, aber alles in allem nur bescheidenen Einfluß ausgeübt. Im großen und ganzen hat sich die Volkskost allerorts selbstherrlich entwickelt, und zwar stets in starker Abhängigkeit von der Umwelt, d. h. vom Klima, von Greifbarkeit der Nahrungsmittel und von allgemeiner Lebensführung. In den ihre Auswirkung wahrhaft bestimmenden Eigenschaften hat sich die Volkskost in Europa, soweit ernährungsgeschichtliche Kenntnisse vorliegen, innerhalb gegebener Bezirke nur wenig, und wenn überhaupt, nur allmählich geändert. Nur drei Ereignisse gewaltigen Ausmaßes sind uns aus früherer Zeit bekannt:

1. Im Mittelalter der Einzug des Roggens in Ost- und Mitteleuropa, unter Verdrängung von Weizen und Gerste.
2. Die verhältnismäßig schnell sich vollziehende Einführung der aus Amerika stammenden Kartoffel.
3. Die Verbreitung des Zuckers nach Entdeckung des Rübenzuckers.

Diese Ereignisse haben mehr äußerlich als inhaltlich die Mischung der Hauptnährstoffe (Eiweißkörper, Fette, Kohlenhydrate) verschoben. Daran änderte in bezug auf den Gesamtcharakter der Nährstoffmischung auch die Entwicklung des Welthandels, der das hungrige Europa hauptsächlich mit Hartweizen, Reis, pflanzlichen und tierischen Fetten, konserviertem Fleisch, etlichen Südfrüchten versorgte, nichts Wesentliches. Bedeutsames freilich änderte sie in bezug auf geschmackliche Wirkkraft und breitere Abwechslung der Kost. In gesundheitlicher Hinsicht war von größter Tragweite die Aufnahme der Kartoffel in die Volkskost, da mit ihrem damals noch unbekannten Reichtum an Vitamin C der weiten Verbreitung des Skorbuts ein Ende gemacht wurde.

Die neuzeitliche Propaganda heischt nun zum ersten Male, gewissermaßen vom grünen Tische aus, eine Umstellung der Volkskost, die sich bis dahin unabhängig von solchen Geboten entwickelt hatte. Nicht zu vergleichen damit sind alte religiöse Gebote, die zweifellos auf der

Grundlage breiter und alter hygienischer Erfahrung beruhten und den Verhältnissen der Umwelt angepaßt waren. Daß bei der neuzeitlichen Bewegung die gebieterische Form aus der ärztlichen Diätetik in die Belehrung der Volksmassen hinübergenommen wurde, und daß zwischen den Erfordernissen der Krankenkost und den praktisch maßgebenden Eigenheiten völkischer Ernährung nicht streng genug unterschieden wurde, hat viel Wirrwarr gebracht.

In den folgenden Abschnitten soll versucht werden, die Tragweite neuzeitlicher Ernährungsprobleme für Krankenkost einerseits, für Volkskost andererseits klarzustellen.

III. Basen-Säure-Gleichgewicht.

Seit etwa einem Jahrzehnt, verschärft in neuerer Zeit, finden wir in manchen Schriften Bestrebungen zum Ausdruck gebracht, die auf Verschieben des Basen-Säure-Gleichgewichtes in Blut und Geweben hinzielen, mit anderen Worten auf Änderung ihrer chemisch-physikalischen Reaktion. Zumeist wird Verschiebung nach der alkalischen Seite, teils auch nach der sauren Seite angestrebt. Die Blut- und Gewebsreaktion ist nun eine der wichtigsten, vielleicht die wichtigste und hartnäckigst verteidigte biologische arteigene Konstante für normalen Ablauf des Zellebens bei Tieren und Pflanzen. Kleine Schwankungen kommen physiologischerweise vor, z. B. nach alkalischer Seite bei reichlichem Salzsäurestrom in den Magen, nach saurer Seite wegen Milchsäurestauung bei maximaler und erschöpfender Muskelarbeit. Daß sie nur minimal und vorübergehend bleiben, sichern Abströmungsmöglichkeiten für Basen und für Säuren, die unser teleologisch gerichtetes Denken als Regulatoren bezeichnet. Als solche sind zu nennen: Verschiebung im Basen-Säure-Export durch die Nieren; Schwankungen in Abgabe der Kohlensäure durch die Lungen; Bereithaltung von Ammoniak (großenteils wahrscheinlich aus Harnstoff in den Nieren entstehend) zum Absättigen saurer Valenzen; unter Umständen Säureexport durch den Schweiß; auch Verschiebung des Säure-Basen-Exportes durch die großen Verdauungsdrüsen und durch den Darmsaft sind sicher daran beteiligt. Ich verweise auf die neueste Darstellung über diese Fragen bei A. Magnus-Levy (45) und bei Kl. Gollwitzer-Meier (21). Als unmittelbarster und schnellst wirkender Regulator dient Anpassung der CO_2-Abdunstung und der Harnreaktion. Gegen das Abweichen der aktuellen Blut- und Intrazellularreaktion nach der sauren Seite sind Fleischfresser und Omnivoren, unter diesen der Mensch, durch die Regulatoren außerordentlich stark geschützt, während dies bei reinen Pflanzenfressern nicht gleicherweise der Fall ist. Freilich mindert sich durch reichliche Gabe von Mineralsäuren, von säuernd wirkenden Neutralsalzen wie Salmiak, Chlorcalcium, unter Umständen auch von

Kochsalz, sowie auch von entsprechend wirkenden Nahrungsmitteln die Alkalireserve des Blutes und des ganzen Körpers (S. 10), und das ist sicher nicht gleichgültig; aber die aktuelle Reaktion des Blutes ändert sich dabei nicht, außer bei manchen reinen Pflanzenfressern, z. B. Kaninchen, deren hohe Empfindlichkeit gegen Säuren O. Schmiedeberg schon vor 50 Jahren erkannte. In der menschlichen Pathologie lehrt dies am deutlichsten die Konstanz der aktuellen Reaktion trotz monate- und jahrelanger Ketonsäurevergiftung der Diabetiker, die man als Dauerzustand jetzt, in der Insulinperiode, nur noch selten antrifft oder zumindest nicht antreffen sollte. Wahre Azidosis des Blutes findet sich dagegen im prämortalen Stadium der Niereninsuffizienz; ferner bei gefahrdrohender pulmonal, seltener kardial verursachter Hemmung der CO_2-Abgabe, mit der sich aber infolge des O_2-Mangels auch Milchsäurestauung in Geweben und Blut verbindet. In beiden Fällen also Versagen wichtigster Regulatoren. R. Balint's Lehre (1) über saure Diathese und Abartung der Blutreaktion nach saurer Seite als Ursachen der Magen- und Duodenalgeschwürskrankheit ließ sich nicht aufrechterhalten; ebensowenig die alte Lehre allgemeiner Säuerung bei Gicht, die jetzt wieder öfters unter Bezugnahme auf A. Haig (24) warnend herangezogen wird, obwohl A. Haig nicht eine einzige entsprechende Blutanalyse, sondern nur völlig unbewiesene Behauptungen in seinen zahlreichen Schriften beibrachte.

Leichter entsteht Verschiebung der Reaktion nach der alkalischen Seite. Sie entsteht bei starkem Salzsäureabfluß in den Magen und gleichzeitig verhinderter Rückkehr der Säure in das Blut durch Erbrechen, ferner bei Überventilation der Lungen (CO_2-Beraubung des Blutes) und in nicht ganz aufgeklärter Weise durch unmäßige Sonnen-, Quarzlicht- und Röntgenbestrahlung. Aus dem Auftreten von Tetanie bei Säureerbrechen und bei Überventilation ersieht man den Schaden, den gewaltsame Verschiebung der Blutreaktion nach der alkalischen Seite in Nervensystem und Epithelkörperchen verursachen kann. Daß die großen Alkaligaben der Sippy- und der Balintkur gelegentlich lebensgefährliche, mit Tetanie verbundene Zustände heraufbeschworen, sei nur kurz angedeutet.

Ich möchte nicht unterlassen, hier einzuschalten, daß ich therapeutischen Winken anderer folgend, verschiedene Male fortlaufend hohe Gaben von Alkali (wesentlich Natron bicarbonicum, auch Gemische mit Magnesium- und Calciumcarbonat) verordnet habe; z. B. schon in jungen Jahren bei Zuckerkranken, später dem Vorschlage von I. Boas entsprechend bei Superacidität des Magens, dann wieder vor etlichen Jahren zur Prüfung der Sippy- und der Balintkur bei Magengeschwür; in allen diesen Fällen sicher mit dem Erfolge, daß Wochen hindurch ansehnlicher Basenüberschuß in den Körper gelangte. Ich bin stets bald wieder davon zurückgekommen und werde mich nie wieder dazu bestimmen lassen, weil ohne jede durchschlagend günstige Beeinflussung des Grundleidens deutliches Nachlassen der muskulären Leistungsfähigkeit, schnellere Ermüdung durch geistige Arbeit, andererseits auch krankhaft gesteigerte Erregbarkeit seelischer Stimmung aufmerksamer Beobachtung nicht entging.

Bis zur Achylie, die neuerdings J. Mayer (47) aus K. Westphal's Krankenabteilung als Folge weitgehender Alkalitherapie bei Magenkrankheiten beschreibt, habe ich es freilich niemals kommen lassen. Über den Alkaliunfug bei Superaciden vgl. C. v. Noorden (68) und H. Salomon, Handbuch der Ernährungslehre, II. Teil: Der Magen. Berlin 1929. Was dort vor etwa 2 Jahren darüber gesagt wurde, ward von J. Mayer übersehen. In der „Allgemeinen Diätetik" (67), S. 92, hieß es schon vor 11 Jahren, bei der Behandlung Magenkranker sei der Mißbrauch von Natron bicarbonicum eine Art Gewohnheitsrecht geworden. Daß ich vor den großen und fortlaufend dargereichten Natrongaben, die im Anschluß an die eindrucksvolle Lehre der B. Naunynschen Schule über chronische Säurevergiftung bei Zuckerkranken auch abseits bedrohlicher Azidosis üblich wurden und mancherorts leider noch immer üblich sind, in Wort und Schrift warnte, ist schon lange her.

Um in bezug auf Diätetik der Magenkrankheiten nicht mißverstanden zu werden, hebe ich ausdrücklich hervor, daß meine Einwände sich nur richten gegen Überschüttung mit Alkalien als Medikament, weil sie in dieser Form stärkste Magensaftlocker sind und das zu bekämpfende Übel geradezu großzüchten. Dies gilt nicht von bescheidenen Gaben, die gegen Ende der Magenverdauungsphase verabfolgt werden, d. h. zu einer Zeit, wo nach vorausgegangener stürmischer Tätigkeit der Sekretionsapparat gegen Säurelocker weniger empfindlich geworden ist (eine Art refraktärer Phase). Es bezieht sich auch keineswegs auf basisch gerichtete Kost, deren Bestandteile wegen Ausfalles reizkräftiger Nebenstoffe sich erfahrungsgemäß häufig günstig auswirken. Es ist aber mehr als unwahrscheinlich, daß letzteres Folge von Basenüberschuß ist, da bei Superaziden und Geschwürskranken einer Kost aus Hafer- und Gerstensuppen, feinem Weizengebäck, Milch, Quark, Eiern mit rechnerisch starkem Säureüberschuß mindestens gleichhohe Schonkraft und therapeutischer Gesamterfolg beiwohnen.

Es ist in diesem Zusammenhang erwähnenswert, daß die Abstumpfung der nach Abschluß der eigentlichen Magenverdauung im Magen zurückbleibenden und wegen pylorischen Krampfes den Ausweg nicht findenden und dann in Form postdigestiver Sekretion sich häufig noch vermehrenden Magensäure mit kleinen Alkaligaben (mehr als 2 g Natron bicarbonicum ist selten nötig) einen unmittelbar verdrängenden Einfluß hat auf etwaige pseudostenokardische Beschwerden, die gerade zu dieser Zeit sich bei älteren Superaziden gerne einstellen. Sie stehen offenbar als viscero-visceraler Reflex in ursächlichem Zusammenhang mit den Geschehnissen am Magen. Ich sah gar manchen Patienten, der wegen jener Beschwerden fälschlich als herzkrank galt, vergeblich mit Diuretin, Nitroglycerin usw. behandelt wurde und darunter auch psychisch stark litt. Charakteristisch ist für solche Fälle, daß die Patienten genau angeben, nur zur Zeit jener Verdauungsphase an den Herzbeschwerden zu leiden, im übrigen aber muskulären Leistungen ansehnlicher Art beschwerdelos gewachsen zu sein.

Es gehört schon mehr als gewöhnlicher Mut dazu, wenn man auf Grund vorgefaßter Meinung und unbewiesener Hypothesen die entwicklungsgeschichtlich erworbene arteigene Konstante des Basen-Säure-Gleichgewichtes in Blut und Geweben durch künstlich aufgebaute Kostformen sowohl bei gewissen Krankheiten wie namentlich für Volksernährung wähnt korrigieren zu dürfen und zu müssen. Glücklicherweise ist dies so gut wie unmöglich. Überall her, aus Nord und Süd, aus Ost und West, von Ländern, Rassen und Sekten, wo säuernde Fleischkost oder säuernde Fleisch-, Eier-, Käse-, Getreide- und Hülsenfruchtkost, und wo alkalisierende Milch-, Obst-, Wurzel- und Blattgemüsekost die Ernährung beherrschen, wird gleiche Einstellung der aktuellen Blutreaktion gemeldet. Das ist ein überwältigender Beweis, dem sich auch experimentelle Beweisstücke anschließen (vgl. hierzu die experimentellen Arbeiten von K. A. Hasselbalch, S. Kaplanski und die zusammenfassenden Darstellungen von H. Straub, Ch. Kroetz (7), A. Durig (15) und von K. Spiro und dessen Schülern; Literatur bei Ch. Kroetz).

IV. Basen- und Säureüberschuß in der Kost. Allgemeines über Mineralienmast.

Wenn nun zwar, zum Kummer der Naturverbesserer, durch keinerlei natürlich entstandene und durch keinerlei zwar künstlich ausgeklügelte aber trotzdem noch erträgliche Kostform die aktuelle Blutreaktion verschoben werden kann und, wenn um kleines verschoben, bereits nach Minuten, längstens nach Viertelstunden, ihre Gleichgewichtslage zurückerobert hat, darf doch nicht bezweifelt werden, daß sowohl durch den Gehalt einer Kost an Gesamtmineralien wie auch durch das relative Verhältnis zwischen Basen und Säuren im allgemeinen und zwischen diesen und jenen Kationen, diesen und jenen Anionen im besonderen, die Auswirkung der Kost auf wichtige Stoffwechselvorgänge des Zellhaushaltes nachdrücklich beeinflußt werden können.

In bezug auf organische Bestandteile, wie Menge und Art der Proteine, der Fette, der Kohlendhydrate, auch in bezug auf Alkohol und Wasser ist dies jedem Arzte altgeläufig. Nur zum kleinen Teile suchen und finden wir die Auswirkung überschüssiger organischer Nährstoffe im Blute; wenn wir von sekretorischen Organen und von den Sekreten des Körpers absehen, sind die Gewebszellen die Erfolgsorgane und

Stapelplätze zunächst für überschüssiges organisches Material, das als Zelleinschlüsse in ihnen nachweisbar ist. Ältestbekannt war dies vom Fett und vom Glykogen; vom Protein wurde es erst später nachgewiesen; es handelt sich um gespeichertes Reservematerial, späterer Verwendung harrend.

1. Vergleich mit Eiweißmast der Zellen.

Vom überschüssigen, nicht sofort zersetzten Eiweiß nahm C. Voit einst an, es bliebe in den zirkulierenden Säften, und so entstand der Begriff des sog. „Zirkulierenden Eiweißes" im Gegensatz zum wahren „Körpereiweiß". Da es immer wahrscheinlicher wurde, daß das überschüssige, durch überreichliche Eiweißzufuhr oder durch Überschwemmung mit Kohlenhydraten angemästete Eiweiß nicht in den zirkulierenden Säften bliebe, sondern in dem Paraplasma der Zellen abgelagert werde, bediente ich mich dafür schon 1893 in der „Pathologie des Stoffwechsels" des Ausdrucks „Reserve-Eiweiß". Die gleichsinnige Bezeichnung „Zelleinschluß" findet sich, soweit mir bekannt, zuerst bei H. Lüthje (1902). W. Berg (5) konnte für die Aufnahme solcher eiweißartiger Zelleinschlüsse nach Eiweißfütterung im Straßburger Anatomischen Institute auch den mikroskopischen Nachweis erbringen. Er wies sofort auf das völlig gleichartige Verhalten dieser Einschlüsse und der bereits bekannten Fett- und Glykogeneinschlüsse hin. Ob es sich um Vollprotein oder nur um Gruppen von Eiweißbausteinen handelt, ist von untergeordneter Bedeutung. Wichtiger ist, daß niemand derartige Einschlüsse von Eiweiß als Anreicherung mit wahrem, atmendem Protoplasma angesehen hat und ansprechen durfte, sondern wirklich nur als Reservematerial. Diese ganze Frage ist bereits von A. Magnus-Levy in meinem Handbuch der Pathologie des Stoffwechsels (1906) ausführlich besprochen worden.

Daß die zwangsmäßig angemästete Stickstoffsubstanz kein vollberechtigtes atmendes Protoplasma sei, machte schon ein von L. Mayer (48) und F. Dengler ausgeführter und von dauernder Kontrolle des Gaswechsels begleiteter Mastversuch in meiner Klinik in Frankfurt a. M. (1905) so gut wie sicher. Der O_2-Verbrauch stieg zwar knapp entsprechend dem Zuwachs von Körpergewicht, aber nicht entfernt dem Zuwachs, der bei Überführung der angemästeten N-Substanz in atmendes Protoplasma zu erwarten gewesen wäre. Entsprechende Versuche ließ ich später durch A. v. Müller-Deham (49) an meiner Wiener Klinik wiederholen. In einem Falle war das Ergebnis durchaus entsprechend dem von L. Mayer und F. Dengler, der andere ergab ein unklares Resultat. Bei sehr lang gestreckten Versuchen, wie sie E. Grafe (22) ausführte, ändert sich der Ausschlag. Der O_2-Verbrauch steigt dabei sogar erheblich. E. Grafe durfte von „Luxuskonsumption" im alten Sinne dieses Wortes sprechen. Das ist offenbar eine Abwehrreaktion des Organismus gegen ungebührliche und bedrohliche Eiweißmast der Zellen. Alles in allem ist über die Gesetze übertriebener Eiweißmast der Zellen und insbesondere über die Rückwirkung derselben auf die Zelltätigkeit und über die Geschehnisse bei Rückbildung dieser Zellmast Abschließendes noch nicht bekannt.

Das Speichern von Reservematerial entspricht einem in der ganzen tierischen und pflanzlichen Biologie durchstehenden Gesetze. Es beschränkt sich aber nicht auf organisches Material, sondern erstreckt sich auch auf anorganisches. Überschuß an diesem oder jenem Material erzwingt unter Umständen geradezu Speicherung. Natürlich sind dafür Grenzen gezogen. Nicht jede Zellgruppe ist gleichmäßig befähigt, organisches Material zu speichern. Manche Gruppen von Gewebszellen adsorbieren vorwiegend Fette, andere Glykogen oder Bruchstücke von Proteinen und Proteiden oder Lipoide oder Farbstoffe, wie z. B. Methylenblau und Eosin. Die gleiche Differenzierung des Adsorptionsvermögens erstreckt sich auch auf Mineralstoffe. Wir wissen z. B., daß für das Chlor-Ion, für Leichtalkalien, beschränkten Maßes auch für Erdalkalien das Hautorgan leicht zugänglich ist, für Chloride starken Maßes die Muskulatur, für Speicherung von Erdalkalien und Phosphorsäure hauptsächlich das Knochengewebe. Ich erinnere an die sehr verschiedene Aufnahmefähigkeit der Zellarten für Jod und für Brom, an die sehr ungleiche Verteilung überschüssigen Eisens in den Geweben, ferner an die elektive Bevorzugung bestimmter Ablagerungsstätten für körperfremde Metalle und Metalloide, wie Silber, Kupfer, Blei, Arsen, Phosphor, Radium usw.

2. Alkalireserve.

Feststeht, daß die Alkalireserve des Blutes, d. h. die Differenz zwischen den maßgebenden basischen und sauren Valenzen, sich sowohl durch Salze, Alkalien und Säuren verschiedenster Art, wie auch unter dem Einfluß basisch bzw. sauer gerichteter Kost deutlich verschieben läßt. Ich verweise auf das lichtvolle Referat von H. Straub, das vor einem Jahr in „Therapie der Gegenwart" (1929, S. 481) erschien. Immerhin waren wir überrascht, zu sehen, wie schnell — manchmal schon binnen 24 Stunden — bei bestimmter Versuchsanordnung rein diätetisch stattliche, sogar nahezu maximale Anreicherung bzw. Beraubung der Alkalireserve des Blutes sich nachweisen läßt. Darüber stehen Veröffentlichungen aus meiner Stoffwechselabteilung von H. Schwarz (81) und H. Dibold unmittelbar bevor.

3. Speicherung von Mineralstoffen.

Neben Beeinflussung der Alkalireserve dürfte es sich bei Speicherung anorganischer Nährstoffe wohl hauptsächlich um zeitweilige Zelleinschlüsse handeln, die nach Art von Glykogen, Fett und Protein bei Bedarf jeder Zeit von den Gewebszellen selbst verbraucht bzw. assimiliert oder an andere Stellen abgeschoben werden können. Wenn auch durch vorsorgliche Ausstattung mit Pufferungsmöglichkeiten und durch zweckentsprechende Bindungen in kolloidaler Form das Zellprotoplasma trotz Speicherung organischen und anorganischen Reservematerials, natürlich nur innerhalb gewisser Grenzen, aber doch ziemlich weitgehend, gegen Abartung der chemisch-physikalischen Reaktion und des osmotischen Druckes und wohl auch gegen Schädigung durch bestimmte, sich häufende Anionen und Kationen erfolgreich sich wehren kann, muß doch durch den Bestand an Reservematerial, durch dessen qualitativen Aufbau und, bei wesentlicher Verschiebung dieses Aufbaues, durch einseitigen Zuwachs und Verlust das ganze Milieu, in dem die Gewebe leben und arbeiten, irgendwie beeinflußt werden, sei es mit günstiger, sei es mit ungünstiger Auswirkung auf die geweblichen Leistungen. Ich spreche hier absichtlich von Gewebe und nicht von Zellprotoplasma, weil vielleicht nicht ausschließlich Zelleinschlüsse sondern auch Materialverschiebungen an der so überaus empfindlichen und mit besonderen Eigenschaften ausgestatteten Zelloberfläche entscheidend in Betracht kommen; eine noch strittige Frage.

Um einen Begriff davon zu geben, welche stoffliche Belastung den Geweben, ohne daß sich die Zusammensetzung des Blutes wesentlich ändert, durch entsprechende Mastzulagen aufgezwungen werden kann, erwähne ich aus eigenen älteren Versuchen, daß bei erwachsenen gesunden Menschen, die bis dahin durchschnittlich normal ernährt wurden, mit Leichtigkeit innerhalb einer Woche zum Ansatz gebracht werden konnten:

Von organischer Substanz:

120 g N-Substanz (als Eiweiß berechnet),
und 1000 g Fett.

Von anorganischer Substanz (also bei Mineralienmast):

16—20 g Calciumoxyd,
3—4 g Magnesia,
8—10 g Chlornatrium,
4—6 g Phosphorsäure-Anhydrid,
3—4 g Kaliumoxyd.

Es sind dies keineswegs maximale Werte, da wenigstens bei der Mineralmast die Versuche gar nicht auf deren maximale Speicherung hinzielten. Abgesehen vom Fett, dessen Abgabe ja nur vom Energiebedarf bestimmt wird, kann bei entsprechender Umstellung der Kost das angemästete Material sehr schnell, manchmal fast ebenso schnell wie es gespeichert wurde oder — wie wir es z. B. beim Calcium einmal antrafen — noch schneller wieder zu Verlust gehen.

Unzweifelhaft wird sowohl die Menge wie die Fixationsdauer der im Körper sich anstauenden Mineralien nicht nur von dem Angebot, sondern auch von der vorausgegangenen Ladung mit gleichem und anderem anorganischem Material, von Art und Menge begleitender organischer Nährstoffe, von der Wasseraufnahme, von der Ausscheidungskraft der Nieren, vielleicht von manchen anderen Verhältnissen der ganzen Stoffwechsellage beeinflußt. Dies erklärt mancherlei scheinbare Widersprüche, die sich bereits in der älteren Literatur über Anreicherung des Körpers mit Mineralien durch gesteigertes Angebot finden.

Die angeführten Zahlenreihen sollen nur dartun, wie außerordentlich starke Schwankungen des Milieus, in dem sie zu arbeiten und ihre Aufgaben zu erfüllen haben, sich die Gewebszellen gefallen lassen müssen.

Es besteht offenbar eine ansehnliche physiologische Akkomodationsbreite der speichernden Gewebe. Im Hinblick auf die starken Schwankungen von Überfluß und Darben, denen alle freilebenden Tiere und alle Pflanzen und denen, in bezug auf bald diesen bald jenen Einzelnährstoff, auch der von Tag zu Tag seine Kost wechselnde Mensch ausgesetzt sind, muß große Akkomodationsbreite geradezu als Zeichen der Vollkommenheit und als Gewähr der Sicherung angesehen werden.

Wir verstehen aber gleichfalls, daß überwiegend basische und überwiegend säuernde Kost, daß einseitiges Überschwemmen mit bestimmten Mineralstoffen, und daß einseitiges Vorenthalten solcher, ebenso wie alimentäres Aufzwingen bestimmter organischer Zelleinschlüsse (N-Substanz, Fett, Glykogen, Lipoide usw.) bald in diesen, bald in jenen Geweben örtliche Wirkkraft fördernder oder hemmender Art, unter Umständen sehr günstige oder sehr üble, zeitigen kann.

V. Über normale Mineralisation der Gewebe.

Als Normalmineralisation werden wir wohl einen Gehalt und ein Gemisch von Anionen und Kationen bezeichnen müssen, das den einzelnen Geweben — sehr verschieden bei den einzelnen — als integrierender Bestand eigentümlich ist, und darüber hinaus einen gewissen, bei normaler gemischter Erhaltungskost auf Vorrat gespeicherten Überschuß. Über diese Größen sind wir durchaus noch nicht genügend unterrichtet, da die vorliegenden zahlreichen Analysen bei Mensch und Tier unter sehr verschiedenen Bedingungen und vor allem nur ausnahmsweise unter Berücksichtigung der vorausgegangenen Ernährung gewonnen sind. Von Pflanzen wissen wir genau, daß Mineralgehalt und -mischung, je nach Sonderart (Züchtung), Bodenbeschaffenheit und Klima beträchtlichen Schwankungen unterliegen.

Gewissen Anhalt geben die zahlreichen Analysen von Geweben vollernährter Tiere im Vergleich mit denen von Tieren, die durch Hungern verendeten. Aus letzteren erfahren wir aber nur die Größe des Bestandes die weiteres Fortleben nicht mehr gestattet. Der integrierende Normalmineralienbestand würde sich wohl am besten ergeben, wenn bereits nach wenigen Tagen völligen Hungerns Analysen ausgeführt werden. Man darf annehmen, daß dann — mit Ausnahme von Fett — das Reservematerial aufgezehrt ist, der integrierende Mineralienbestand im Protoplasma aber noch nicht wesentlich gelitten hat. Erst aus größeren Versuchsreihen könnte sich genauer ergeben, welcher Zeitpunkt für die Analyse bei den einzelnen Tierarten (am besten wohl Hunde als Fleischfresser, Hammel als Pflanzenfresser) der geeignetste ist. Mit den als integrierendem Mineralbestand ermittelten Werten wären dann Werte zu vergleichen, die man nach verschiedensten Arten vorausgegangener Ernährung findet, z. B. nach Eiweiß-, Fett-, Kohlenhydratmast, nach überwiegend sauer und nach überwiegend alkalisch gerichteter Kost, nach einseitiger Fütterung mit bestimmten Anionen und Kationen usw. Wie vereinzelte vorliegende Untersuchungen andeuten, wird man wahrscheinlich finden, daß bestimmte Fütterung mit organischen Nährstoffen und reichliche Ablagerung solcher in den Geweben die Aufnahmefähigkeit dieser oder jener Anionen bzw. Kationen hemmend oder fördernd beeinflussen. Auch menschliche Gewebe lassen sich heranziehen, z. B. bei Operationen, wie dies schon üblich wurde, und bei plötzlichen Todesfällen. Auch Excisionen von Haut und Muskulatur kommen unter Umständen in Betracht. Alles dies hat aber für die einschlägigen Fragen nur dann Wert, wenn man über die unmittelbar vorausgegangene Kost genau unterrichtet ist. Excisionen der Haut hat Fr. Luithlen (vgl. S. 25) mit schönem Erfolg schon vor langem vorgenommen; sie werden jetzt häufig ausgeführt. Es lassen sich gegen die Beweiskraft der Befunde, gerade in bezug auf die Haut, aber doch wohl einige Bedenken erheben.

VI. Demineralisation bei Krankheiten.

Sowohl Krankheiten wie bestimmte Ernährungsformen können den S. 12 gekennzeichneten Normalmineralbestand erniedrigen. Praktisch genommen kommt wohl nur partielle, d. h. einzelne Mineralstoffe und einzelne Gewebe betreffende Demineralisation in Frage. Es war in älterer Zeit viel davon die Rede; aber mehr auf Grundlage von Abstraktionen als von Tatsachen. Z. B. veranlaßten recht unkritisch und mit unzulänglichen Methoden ausgeführte Untersuchungen A. Robin's um die Wende des 19. und 20. Jahrhunderts lebhafte, aber unfruchtbare Erörterungen über Demineralisation der Gewebe als Eigenart der Lungentuberkulose. Es gibt sicher pathogene Demineralisationen der Gewebe. Ich erinnere z. B. an die beträchtlichen Mineralverluste der Knochen bei Osteomalacie, bei gewissen Formen chronischer Arthritis, bei diabetischer Azidosis, bei unmäßiger Fütterung mit Phosphorsäure, aber auch schon bei längerem Bettlager; ich erinnere an die schweren Chlorverluste des Körpers bei sog. kontinuierlichem Magensaftflusse mit reichlichem Erbrechen; ich erinnere an die Jodarmut der Schilddrüse bei endemischem Kropf und an das sicher mit Verlusten von Jodreserven verbundene, gar nicht seltene Auftreten solchen Kropfes bei Personen, die aus kropffreier Gegend, z. B. von der Seeküste, in Kropfgebiete übersiedeln. Freilich darf nicht übersehen werden, daß die Jodarmut der Bodenprodukte und des Trinkwassers doch wohl nicht die einzige Ursache der Kropfendemien ist. Darüber ist bisher aber nur Unzulängliches bekannt.

Auf alles das, was man von Mindergehalt an Mineralstoffen bei Krankheiten in Blut und Geweben — meist mit wenig untereinander übereinstimmenden Befunden — nachwies, und was man gar oft schon auf Einzelbefunde hin zu verallgemeinern wagte, kann ich hier nicht eingehen. Es ist noch ein großer Wirrwarr. Als bemerkenswert hebe ich nur hervor die viel erörterten Lehren von Säureverlusten bzw. Alkaliüberflutung des Blutes als Unterlage für den Tetanie- und den Epilepsieanfall.

Der Ursachen für Tetanie gibt es, wie wir jetzt wissen, mehrfache; mit Alkalose allein lassen sich nicht alle Formen erklären [L. Lichtwitz (42)]. Obwohl Hyperventilation bei Epileptikern Anfälle auslöst, und obwohl stark säuernde Kostformen günstigen Einfluß ausüben sollen (früher rühmte man gleiches von der mehr basisch gerichteten Milch-, Kartoffel-, Gemüse-, Obst- und Cerealienkost!), wäre es doch eine durchaus kurzsichtige und beklagenswerte Verflachung der ganzen Tetanie-, Epilepsie- und Migräneprobleme, wenn man, an all den sonstigen einflußreichen Zusammenhängen mit anderen Zuständen und Geschehnissen vorbei, jene Krankheiten in bezug auf Wesen und Auswirkung mit azidopriver bzw. alkalotoxischen Zuständen erklären wollte. Wie sich bei den Anfällen die maßgebenden Stücke des Nervensystems in bezug auf Reaktion und Mineralienbestand verhalten, wissen wir nicht; darüber sind jedem einstweilen noch die kühnsten Phantasien erlaubt, wovon ja auch fleißig Gebrauch gemacht wird.

VII. Alimentäre Submineralisation.

Was ich vorher von Jod sagte, leitet über zur alimentären Demineralisation oder besser „Submineralisation". Wir älteren und wohl auch die meisten jüngeren Ärzte lernten, jede einigermaßen vernünftig zusammengesetzte, zwanglos entstandene völkische Kost gewährleiste unter allen Umständen quantitativ und qualitativ ausreichende Mineralienzufuhr. Außer auf fleißigen, sorgsamen aber durchaus nicht eindeutigen Stoffwechseluntersuchungen fußte diese, namentlich von der Münchener Schule (C. Voit, M. Rubner u. a.) hochgehaltene Lehre auf der Tatsache, daß aus keinem Kultur- und Wildlingsgebiete der Erde Schäden infolge von Mineralienmangel bekannt geworden seien. An der Lehre rüttelten weder anderslautende, zweifellos ungenügend gestützte, ziemlich willkürliche Behauptungen, noch die beachtenswerten und noch heute sehr lesenswerten Ausführungen G. v. Bunge's (11) (1889) über Kochsalzbedarf und -bedürfnis. Erschüttert wurde diese alte Lehre aber durch die Erfahrungen über Jod- und Kropfvorkommen (vgl. S. 13).

In jüngster Zeit wurde aus nordamerikanischen Forschungen der Bodenchemie bekannt, daß die Nährpflanzen, insbesondere die Gemüse, in manchen weiten Territorien ein Vielfaches an Jod enthalten, verglichen mit den Produkten in anderen Gebieten. Ferner lernten wir den starken Einfluß radioaktiver Elemente auf das Wachstum der Pflanzen kennen, und mit Recht wandten sich Neugier und Forschung der Frage zu, inwiefern mehr oder weniger radioaktive Substanz die durch Luft, Wasser und Nahrungsmittel, bei täglicher Wiederholung Generationen hindurch in den Körper gelangt, Einfluß auf das Gedeihen des Körpers gewinne. Wir wissen, daß die Mengen je nach Wohnort sehr verschieden sein können. Über die Auswirkung dieser Verschiedenheiten ist noch nichts Sicheres bekannt, obwohl Auswirkungen irgendwelcher Art doch sehr wahrscheinlich sind. Es wäre sehr erwünscht, wenn Boden- und Pflanzenchemie mit biologischer Forschung in gemeinsamer Arbeit feststellen würden, ob und inwieweit starke Verschiedenheiten des Gehaltes von unmittelbaren und mittelbaren Bodenprodukten an Jod und an radioaktiven Elementen die Entwicklung, das Verhalten endokriner Drüsen, des Nervensystems, der allgemeinen Widerstandskraft, die Bereitschaft zu Krankheiten usw. beeinflussen. Auch andere Elemente, die nur spärlich vertreten sind, kämen in Betracht. Gewiß keine leichte und schnell zu beantwortende aber doch eine ebenso interessante wie wichtige Frage der vergleichenden Ernährungslehre!

1. Bemerkungen über Einfluß der Düngung auf Nährpflanzen.

Einstweilen nur theoretisch anschneidbar, vielleicht jetzt schon beschränkter, in Zukunft wohl sicher starker Tragweite ist eine andere, mit Beschaffenheit unserer Bodenprodukte zusammenhängende Frage, die allerdings nicht nur die Mineralien betrifft. Dürfen wir gewiß sein, daß die zwangsläufig sich immer mehr in den Vordergrund schiebende künstliche Düngung mit Produkten des Bergbaues und der chemischen Fabriken dem Kulturboden wirklich alle anorganischen und organischen Stoffe in solcher Menge und Mischung wiedergibt, wie er sie zur Produktion vollkommener Nahrung für Tier und Mensch bedarf? Man hat dabei nicht an die quantitativ beherrschenden Mineralien zu denken; diese können sicher durch künstliche Düngung genügend gedeckt werden, wenn auch in weiten Kreisen landwirtschaftlicher Betriebe (namentlich in Kleinbetrieben) noch eine beklagenswerte Unkenntnis über Tragweite und zweckmäßigste Verwendungsart des Kunstdüngers besteht [A. v. Batocki (2)]. Selbst bei Kunstgärtnern kann man die gleiche Erfahrung machen. Vor allem aber ist zu denken an sowohl anorganische wie organische Stoffe, die nur in kleinsten Mengen vorkommen und vielleicht nur durch katalytische Wirkkraft doch ungeheuer wichtig sein können, gleichsam Vitamine für die Bodengärung. Vor allem die Erkenntnis von der Bedeutung radioaktiver Stoffe für das Gedeihen der Pflanzen berechtigt zum Aufwerfen dieser Frage. In einem Gespräch darüber mit J. Tandler warf dieser vom Standpunkt der Konstitutionslehre die Frage auf, ob nicht die weitverbreitete Zunahme der Hochdruckkrankheiten Folge einer Abartung unserer Nahrung durch einen Raubbau sein könne, zu dem qualitativ künstliche Düngung sich am Boden auswirke. Andere allumfassende exogene Einflüsse sind nicht erkennbar. Das Verlegenheitsgerede über Not der Zeiten, überlastende Arbeit, Einfluß dieser oder jener Genuß- und Reizmittel trifft nicht den Kernpunkt der Frage und darf nicht abhalten, nach neuen Gesichtspunkten zu suchen. Wir erfahren jetzt — und wir werden dadurch an alte, mindergut begründete aber therapeutisch gleichsinnig gerichtete Bestrebungen E. Heilner's erinnert —, daß in den kleinen Blutgefäßen der Niere und anderer Organe autochthon Lokalhormone vorkommen, die dem Hochdruck entgegenarbeiten [F. Lange (38)]. Letzte Quelle der Hormone ist unsere Nahrung. Freilich läßt sich in gewissem Maße der Hochdruck durch überragende Zufuhr von Gemüsen und Früchten (namentlich in roher und kochsalzfreier Form) erniedrigen, was wahrscheinlich mit starkem Überwiegen des parasympathischtonisierenden Kaliums zusammenhängt. Ob solche Kost der Bildung des spannungsmindernden Gefäßhormons förderlich ist, läßt sich noch gar nicht überschauen. Jedenfalls berechtigen das Auffinden eines solchen Hormons und die Gewißheit, daß seine letzte Quelle Nahrungsstoffe sind, ebenso wie die Betrachtung über Wirkung des Kaliums die Beschaffenheit bzw. Abartung der Bodenprodukte mit der ganzen Frage heuristisch zu verknüpfen.

Was ich über mögliche Unzulänglichkeit des Kunstdüngers in meinem Vortrage am 17. Nov. 1930 (64) sagte, ist von einigen Referenten vegetarianisch oder rohköstlerisch eingestellter Blätter, abweichend von dem Wortlaut des Vortrages, falsch und propagandistisch gedeutet und ausgenutzt worden. Dem mit den einschlägigen Doktrinen nicht vertrauten Leser sei gesagt, daß von jener Seite der sog. Kunstdünger auf das schärfste bekämpft, der sog. natürliche Dünger (Kot und Urin der Tiere) als allein zulässiger bezeichnet wird. Demgegenüber haben wir mit der Tatsache zu rechnen, daß mit natürlichem Dünger der Bedarf unseres Bodens an Stickstoff, Phosphorsäure, Kali, Kalk nur zum kleinen Teile gedeckt werden kann. Und selbst da, wo für kleinere Flächen natürlicher Dünger reichlichst zur Verfügung steht, ist man niemals sicher, daß der durch viele Jahrhunderte und namentlich seit etwa 100 Jahren übermäßig beanspruchte Boden durch ihn alle Ersatzstoffe in solcher Mischung erhält, wie sie unsere Nährpflanzen beanspruchen. Als unzweifelhaft vollwertig für die Vegetation ist der natürliche Dünger ebensowenig anzuerkennen wie der Kunstdünger. Das aus vielen Aufsätzen aus den Kreisen der Vegetarianer usw. uns entgegenhallende Verlangen nach ausschließlich natürlicher Düngung ist eine unerfüllbare Utopie. Unbedingt einwandsfrei vom Standpunkt der Hygiene ist natürlicher tierischer Stalldünger keineswegs immer. Schwerer wiegend sind die Einwände gegen Latrinendünger, dessen Verwendung in zweckmäßiger Form, z. B. als „Poudrette" (getrocknete pulverförmige Fäkalien) oder auf Rieselfeldern leider quantitativ keine Rolle spielt, der aber in kleinen gärtnerischen und halbgärtnerischen Betrieben beim Gemüseanbau gar nicht selten in flüssiger Form und auf hygienisch recht bedenkliche Art und Weise dem Boden zugeführt wird (S. 64).

Daß Menge und Beschaffenheit der Bodendüngung Schmackhaftigkeit, Arom und Genußwert des Erntegutes stark beeinflußt, ist im Gemüse-, Obst- und Weinbau längst bekannt, scheint aber mit der Zeit immer mehr in Vergessenheit zu geraten, und zwar weil überhaupt der Sinn für Feingeschmack der Rohstoffe zugunsten der Wertung bildschöner Schauprodukte, des Nährstoff- und Caloriengehaltes und bequemer Einkaufsgelegenheit usw. bedenklich gesunken ist.

Als Beispiel erwähne ich nur Spargel, von denen die dicksten Stangen als die vollkommensten gelten und als besonders vornehm begehrt werden, während Kenner längst dahin übereinstimmen, daß unter gleicher Ware die mitteldicken Stangen am schmackhaftesten sind. In bezug auf Spargel ist auch zu erwähnen, daß die Hauptmasse des Aroms in den äußersten Schichten haftet, die beim Schälen entfernt werden. Die Schale verhärtet sich beim Kochen im Wasser; beim Kochen im strömenden Dampfe aber erweicht sie und wird genießbar. Falsch ist auch, des blendenden Aussehens zuliebe die bis zur Spitze weißen Spargel zu bevorzugen; solche mit im Sonnenlicht gegrünten oder gar angebläuten Köpfen sind viel aromreicher [vgl. über beides (67) „Allgemeine Diätetik", S. 516].

Wenig bekannt ist, daß z. B. nach dem Urteil mancher Feinschmecker Gerste und Dinkel (Zea spelta, Grünkern) im Laufe der letzten drei Jahrzehnte, also seit dem Vordringen künstlicher Düngung, allmählich viel von ihrem eigenartigen, ungemein feinen Aroma eingebüßt haben. Solcher teils willkommener, teils unliebsamer Abartungen geschmacklicher Eigenschaft gibt es eine ganze Menge bei unseren Kulturpflanzen. Umzüchtung und anderes kann dabei beteiligt sein, sicher aber auch Art der Düngung. Ich habe selbst mit Unterbrechungen etwa 30jährige Eigenerfahrung im Anbau feinerer Gemüse und Obstarten (4 Jahre in Gießen, dann 9 Jahre und später wieder 17 Jahre lang in Frankfurt a. M.) und habe bei Aussaat gleichen Materials die Macht des Düngungseinflusses auf den Geschmack u. a., auch den Einfluß ausreichender Phosphorsäure- und Kalidüngung auf bessere Schmackhaftigkeit der Obstfrüchte ausgiebig kennengelernt. Es ist doch sehr wahrscheinlich, daß bei der überall vorwiegend auf höchsten Massenertrag und auf bestimmte marktgefällige Eigenschaften hinsteuernden Bodenkultur sich beim Erntegut aller Art ganz allmählich, chemisch kaum kontrollierbar, jedenfalls in Analysentabellen nicht auffindbar, Abartungen vollziehen können, von denen manche vielleicht doch weit stärkerer Tragweite für die Ernährung des Menschen sind als Aromstoffe. Vgl. zu diesen Fragen auch S. 15, 39; ferner Th. Lang (37) und L. Seidler (83.)

2. Zur Frage freier Kostwahl.

Es mag die Bemerkung hier eingeschaltet werden, daß es mit der freien Kostwahl, auf die als automatischen Regulator zweckmäßiger Ernährung, mit Recht im Gegensatz zu Zwangskost, von jeher viel Gewicht gelegt wurde, doch nicht so gut bestellt ist, wie man gewöhnlich meint. Wir haben keine freie Wahl der Nahrung mehr, sondern wir sind weitgehend abhängig von wirtschaftlichen und verkehrstechnischen Verhältnissen, von Art der Bodendüngung und von Handelsverträgen, worüber sich nur bedeutender geldlicher Aufwand hinwegsetzen konnte und kann. Wenn man dem Begriffe „Zwangskost“ (S. 20) eine etwas größere Breite gestattet, darf man auch die Volkskost als solche bezeichnen. Sie blieb ihrem Charakter treu, nicht durch wahren Zwang, sondern durch Macht der Gewohnheit und der Tradition, also aus psychologischen Gründen. In seiner Auswirkung blieb dies aber weit entfernt von den Nachteilen wahrer Zwangskost im engeren Sinne des Wortes.

3. Submineralisation durch Auskochen der Gemüse.

Zur Frage alimentärer Submineralisation gehört, daß seit etwa 40 Jahren — und zwar ist dies wesentlich ein Verdienst von H. Lahmann — gewarnt wird, durch Abkochen der Gemüse und Kartoffeln in reichlich Wasser und Wegschütten des Kochwassers ansehnliche Mengen wasserlöslicher Mineralstoffe zu vergeuden, was später auch auf organische Stoffe, z. B. die inzwischen bekannt gewordenen Vitamine, ferner auf Pflanzensäuren, lösliche Aminosäuren, Kohlenhydrate u. a. erweitert wurde. Wie ansehnlich die Verluste sind, lehrten erst vor etwa 15 Jahren küchentechnische Versuche von R. Berg u. a. (vgl. „Allgemeine Diätetik“, S. 468ff.). H. Lahmann, der schon vor 25 Jahren starb, erlebte nicht mehr den Aufstieg seiner Lehre.

Gewisser Einschränkung bedarf die Forderung Lahmann's. Der Markt liefert vielfach Gemüse, die unbedingt eines kurzen Abbrühens bedürfen, das dem eigentlichen Garkochen, Dünsten oder Dämpfen vorausgeht. Dadurch werden allzu streng oder gar widrig schmeckende Stoffe entfernt. Teils handelt es sich um arteigentümliche Stoffe. Sie entwickeln sich namentlich in überwinterten Gemüsen, während die gleichen Rohstoffe, unmittelbar nach der Ernte verwendet, des Abbrühens („Blanchieren“ ist der küchentechnische Ausdruck) nicht bedürfen. So ist es z. B. bei zahlreichen Kohlarten. Teils hängt der widrige und einer Beseitigung bedürftige Geschmack und Geruch von der Art des Bodens und der Bodendüngung ab. Dies abzustellen ist einstweilen noch ein frommer Wunsch. Das zum vorausgehenden Abbrühen benutzte Wasser ist ungenießbar. Bei richtigem Handhaben dieses Abbrühverfahrens sind die Verluste gering. Jedenfalls müssen sie in den Kauf genommen werden, um die Ware selbst schmackhaft und genießbar zu machen.

Unter Zusammenfassung des damals bekannten, inzwischen nicht wesentlich erweiterten Tatsachenmaterials wurde die ganze Frage von mir und H. Salomon vor 10 Jahren im „Handbuche der Diätetik“

(S. 490ff., 515ff. u. a. O.) ausführlich besprochen (67). Wir schlossen uns dabei durchaus dem von H. Lahmann vertretenen Standpunkte an. Zwei Gründe sind dafür maßgebend:

a) Die in das Kochwasser entweichenden Verluste sind — praktisch genommen — auf der ganzen Linie, d. h. in bezug auf alle wasserlöslichen Stoffe, in der Tat bedeutend. Je nach Zusammensetzung der sonstigen Kost könnte es dadurch zu alimentärer Submineralisation kommen, falls nicht reichlicher Genuß von Rohgemüse in Salatform und von frischem Obst dies ausgleicht. Wenn aus irgendwelchen geschmacklichen oder küchentechnischen Gründen das Gemüse doch in reichlich Wasser gekocht und auf Erhitzen im strömendem Dampf, auf Dünsten, Schmoren, Braten, Backen der Gemüse und Kartoffeln verzichtet werden muß, sollte zum mindesten das Brühwasser (unter Umständen nach Eindicken in Suppen, Tunken und sonstigen Gerichten) für weitere Verwendung gerettet werden.

b) Des weiteren sprechen geschmackliche Gründe gegen die gerügte Form des Abbrühens, was im Höchstmaße derjenige weiß, der die englische Art der Gemüsebereitung hat über sich ergehen lassen müssen, die mit dem Auslaugen — früher mehr als jetzt — so weit geht, daß nur das Auge, kaum aber Zunge und Nase erkennen läßt, was für ein Gemüse einem vorgesetzt wird.

Wie bekannt, ist das küchentechnisch überaus einfache Vermeiden des gerügten Verlustes beim Zubereiten von Gemüsen und Kartoffeln ein Hauptstück dessen, was man heute „neue Ernährungslehre und neue Kochkunst“ nennt. Mit dieser Neuheit ist es eine eigene Sache. Größeren Maßes verbreitet war die Unart eigentlich nur in Deutschland, namentlich in manchen Gebieten Norddeutschlands, ferner in allen Gebieten, die unter Herrschaft englischer Kochweise stehen; dagegen durchaus nicht in Ländern lateinischer, griechischer, arabischer und ostasiatischer Küche. Ich muß auch zahlreiche deutsche Hausfrauen und Köchinnen, namentlich der älteren Generation, vor dem Vorwurf schützen, jener von H. Lahmann, R. Berg u. a. mit Recht gerügten Vergeudung sich schuldig gemacht zu haben. Ich möchte aber des weiteren denen, die jetzt — gleichfalls mit Recht — propagandistisch solche Vergeudung in Wort und Schrift bekämpfen, dringend raten, ihren Standpunkt und ihre Lehre nicht mehr als neu auszugeben. Sie machen sich sonst bei allen Küchensachverständigen zahlreicher Kulturstaaten und auch bei zahlreichen deutschen Hausfrauen einfach lächerlich. Ich erinnere daran, daß Robert Koch vor 50 Jahren sein Sterilisationsverfahren im strömenden Dampfe altdeutscher Gepflogenheit des Kartoffelkochens entnahm.

Ich hatte in den letzten Jahren häufig, besonders häufig aber im Jahre 1930, in Wien Gelegenheit diesbezügliches mit küchensachverständigen Männern und

Frauen verschiedenster Länder in Unterhaltungen über Fragen der Kochkunst und der häuslichen Küche, namentlich auch mit solchen aus den Mittelmeerstaaten zu besprechen. Es war ihnen unverständlich, wie man das Nichtauslaugen der Gemüse bei küchentechnischer Zubereitung als neu bezeichnen könne.

4. Zwangskost und alimentäre Submineralisation.

Bei Zwangskost ist alimentäre Submineralisation möglich. Es ist nicht von der Hand zu weisen, daß in früherer Zeit, als man diesen Fragen noch fern stand, manche Nährschäden in Anstalten mit calorisch ausreichender Zwangskost auf ein zu wenig an diesen oder jenen Mineralstoffen zurückzuführen waren. Freilich konnte auch Vitaminmangel daran schuld sein. Das läßt sich heute kaum noch nachträglich feststellen.

Zwangskost war die Kriegskost. Daß damals die Kost in bezug auf Phosphorsäure minderwertig war, konnte ich belegen (59). Es mußte sich dies auf alle Orte, namentlich große Städte erstrecken, wo neben Fleisch auch Milch und Käse schwer greifbar waren. (Von Vegetabilien führen nur Hülsenfrüchte reichlich P_2O_5 zu.) Aus der Erkenntnis des Phosphorsäuremangels sowohl bei der Zivilbevölkerung wie bei der Truppe entstammte auch G. Embden's Empfehlung des Recresals, das damals auf Ermüdungszustände der Muskeln und des Nervensystems unzweifelhaft guten Einfluß ausübte, eine Wirkung, die jetzt bei vernünftig zusammengesetzter Kost bezeichnenderweise weniger augenfällig ist. Zu gleichem Zwecke wurde übrigens Phosphorsäure als säuernder Bestandteil erfrischender Getränke schon in den 70er und 80er Jahren des vorigen Jahrhunderts vielfach verwendet.

Ich berichtete in dem soeben zitierten Aufsatze (1921): „An der Leipziger Klinik unter C. A. Wunderlich und E. L. Wagner war Mixtura acidi phosphor., die täglich etwa 1—1,5 g P_2O_5 zuführte, regelmäßige und der Salzsäure vorgezogene Verordnung bei akuten Infektionskrankheiten und in der Rekonvaleszenz; offenbar auf Grund alter Empirie, damals noch ohne theoretische Begründung. Ich habe in Erinnerung an diese alte, während der Studentenzeit eingeimpfte Lehre, mit zeitweiligen Unterbrechungen lange daran festgehalten (Ac. phosphor. 3,5; Syr. Rubi Id. 30,0; Aq. ad 200,0 g 5; 5mal täglich 1 Eßlöffel)." — Im Anschluß hieran empfahl ich diese Verordnung namentlich für Kranke mit Lungentuberkulose. An diese alte arzneiliche Verordnung sei nachdrücklich erinnert.

Wo ich die Kost mit Phosphorsäure anreichern will, ziehe ich seit etwa 15 Jahren den Medikamenten (Phosphorsäure, Recresal) das aus Getreidekeimlingen bestehende sehr vitaminreiche und gut bekömmliche Nährpräparat Dr. Klopfer's „Materna" vor [vgl. „Allgemeine Diätetik" (67), S. 642].

Gleiches wie für Phosphorsäuregehalt der Kriegskost mußte für Calcium gelten, wo Milch und Käse, unsere wichtigsten Calciumträger, nur spärlich greifbar waren. Die in der Kriegszeit oft beachteten Osteopathien konnten wenigstens teilweise auf Calciummangel bezogen werden. Daß Calciummangel an dem sog. Kriegsödem mitbeteiligt war, ist mindestens wahrscheinlich. Man denke an den gefäßdichtenden Einfluß des Calcium und andererseits an das im reichlichen Überschuß genossene wasserbindende Kochsalz, damals das einzige beliebig greifbare Gewürz.

Zwangskost ist auch die Krankenkost. Menschliches Denken, nicht menschliche Vernunft, schuf auf diesem Gebiete Kostformen, die — weil ärztliches Gebot oder Glaubenssatz geworden — genau befolgt wurden, aber Sorge für Mineralienzufuhr gröblich vernachlässigten. Solche Kostformen wurden oft monatelang durchgeführt. Ich erinnere an reine Milchkost, die viel zu wenig Eisen zuführt. Nierenkranke und Tuberkulöse mußten oft monatelang dabei bleiben. Es war rein empirisch und wurde damals noch nicht mit Eisenarmut der Milch begründet, daß C. Gerhardt bei beiden Krankheitsgruppen stets Eisenpräparate verordnete. Ich erinnere an die an manchen Mineralien armen Kostformen aus Milch, feinsten Cerealienmehlen, Butter und Zucker, unter Zusatz von wenig Äpfel- und Gemüsemus, die von gar manchem Arzte unentwegt chronisch Magen- und Darmkranken, aber auch Nieren-, Blasen- und Nierensteinkranken und Gallensteinkranken verabfolgt wurden. Wir (67) äußerten uns zu diesen Fragen vor 10 Jahren (in „Allgemeine Diätetik", S. 72) folgendermaßen: „Wenn wir häufiger als zugegeben wird, üble Folgen aus langem Festhalten an einseitig gerichteter Kost entspringen sehen, so liegt die Ursache vielleicht nicht ausschließlich bei Mißachtung des Geschmacksinnes, sondern die Ursache mögen auch Mangel an Aschenbestandteilen und ihre fehlerhafte Mischung sein." Dieser Ausspruch läßt sich heute verstärkt aufrechterhalten, obwohl wir jetzt einen Teil der Nährschäden bei einseitiger Kost auf ungenügende Zufuhr dieses oder jenes Vitamins zurückführen müssen. Wir sollten jetzt nie wieder in den Fehler verfallen, Kranken auf lange Dauer Kostformen zu verordnen, die die Gefahr allgemeiner oder partieller Submineralisation nicht sicher verhüten. Über Vitamine vgl. S. 60ff.

VIII. Ungesalzene Kost als Submineralisation.

In das Gebiet der alimentären Submineralisation gehört unbedingt auch die kochsalzfreie Kost. Da weder mit Vegetabilien noch mit Animalien wahrhaft kochsalzfreie Kost herzustellen ist, müssen wir als solche eine Kost bezeichnen, der kein Kochsalz zugesetzt ist. Nach dem Vorschlage von J. F. Lorenz (43) gebraucht man dafür jetzt die Bezeichnung „ungesalzene Kost". Je nach Auswahl der Nahrungsmittel wird dieselbe in der Regel noch 2,5—4 g Kochsalz enthalten; bei reichlichem Heranziehen von Milch (mit durchschnittlich etwa 1,6 g im Liter) erhöht sich dieser Wert.

Den Gehalt der Herrmannsdorfer-Kost an Kochsalz berechnete vor zwei Jahren A. Wolff-Eisner (90) auf 6—7 g Tagesdurchschnitt. Dies hängt mit ihrem verhältnismäßig ansehnlichen Reichtum an Milch zusammen. Es scheint, daß inzwischen mancherorts diese Kostform durch Ermäßigung der Milchgaben kochsalzärmer verabfolgt wurde. In den Jahren ihrer aufbauenden Werbetätigkeit und bereits unzweifelhaft starker Erfolge entsprach jene Kost jedenfalls nicht dem Begriff „kochsalzarm", wie wir Ärzte ihn in der Therapie innerer Krankheiten seit etwa 3 Dezennien zu gebrauchen gewohnt sind, und wie wir die Kost bei Nierenkranken und zur Beseitigung von Ödemen usw. zu verwenden pflegten. Sie ward ausführlich beschrieben von H. Strauß und dann in erweiterter Form ausgearbeitet im Handbuch der allgemeinen Diätetik [(67) S. 911—933]. Über den Kochsalzwert der ursprünglichen Gerson-Kost, die sich mit der Herrmannsdorfer-Kost nicht deckt, liegen keine älteren genauen Nachweise vor. Obschon M. Gerson es jetzt als unrichtig bezeichnet, daß man den Kochsalzwert aus Tabellen berechne, scheint dies doch in den ersten Jahren von ihm selbst getan zu sein; jedenfalls wurden erst in neuester Zeit analytisch und klinisch-experimentell begründete Zahlen vorgelegt. (M. Gerson (19), G. F. Lorenz). Danach liegt ihr jetziger Kochsalzwert zwischen 2,5 und 4 g und entspricht dem gebräuchlichen klinischen Begriffe „kochsalzarm". In der allgemeinen Praxis und auch in Krankenanstalten verschiedener Art, wo man sich an das Gersonsche bzw. Herrmannsdorfersche Kostschema anlehnte, hat der Kochsalzwert der „kochsalzarmen Diät" zweifellos innerhalb beträchtlicher Breite geschwankt. Dies erklärt, warum die Urteile über ihre Wirkkraft und Tragweite beträchtlich schwanken.

Vegetabiles Rohmaterial ist im Durchschnitt kochsalzärmer als tierisches. Doch entfernen sich innerhalb beider Gruppen die Werte zum Teil sehr ansehnlich vom Durchschnitt, so daß bei ungeschickter Auswahl rein vegetabile ungesalzene Kost kochsalzreicher sein kann als eine solche, die beachtenswerte Mengen tierischer Rohstoffe mit heranzieht. Dies soll hier nicht im einzelnen ausgeführt werden. Immerhin sind einige Zahlen, die ich einer Arbeit von F. Grote (23) (Sonnmatt) entnehme, als Beispiel vielleicht erwünscht; die Zahlen beziehen sich auf je 100 g eßbaren Materials.

Taubenfleisch	50 mg
Rindfleisch, Kalbfleisch, Schweinefleisch	100—130 mg
Hühnerfleisch	140 mg
Gans im Durchschnitt	200 „
Hecht, Zander	92 bzw. 81 mg
Bachforelle	120 mg
Schellfisch	390 „
Seezunge	410 „
Milch	160 „
Ungesalzene Butter	690 „
Hühnereier ohne Schale (2 Stück)	420 „
Äpfel	2 „
Heidelbeeren	8 „

Weintrauben	25 mg
Birnen	31 „
Süßkirschen	100 „
Tomaten	110 „
Bananen	200 „
Blumenkohl	48 „
Schwarzwurzel	51 „
Karotten	61 „
Spargel	69 „
Kartoffeln, geschält	82 „
Kopfsalat	130 „
Spinat	210 „
Sellerieknollen (frisch)	250 „

F. Grote mahnt auch, die Mengen zu berücksichtigen, die durchschnittlich von den einzelnen Stoffen verzehrt werden. Auf die Einzelportion rechnet die Küche z. B. 150 g Blumenkohl mit 72 mg, 400 g Spinat mit 840 mg, $^1/_2$ Knollen Sellerie mittlerer Größe mit 30 mg Kochsalz. Wenn man vorzugsweise die kochsalzarmen Rohstoffe auswählt, gelangt man nach F. Grote, ebenso wie M. Gerson (19) zu etwa 2,5 Kochsalz in der Tageskost.

Alle in der Gesamtliteratur über Nahrungsmittelchemie bekanntgegebenen Zahlen genügen aber nicht, um den wahren Kochsalzgehalt des zur Verwendung kommenden Materials sicher zu beurteilen. Nur bei Bestandteilen des Tierkörpers sind die Werte, zumindest in bezug auf allgemeine Größenordnung, einigermaßen gleichmäßig; sehr viel weniger schon bei Eiern und Milch. Pflanzliches Material aber weist sowohl in bezug auf Mineralien im allgemeinen wie auch in bezug auf Kochsalz im besonderen, je nach Herkunft und Kulturbedingungen, sehr beträchtliche Unterschiede auf. Die Beziehungen zur Herkunft usw. sind bei jeder Pflanzenart verschieden und bisher noch sehr wenig bekannt. Durchschnittlich am kochsalzärmsten ist Obst.

Wie wir sahen, konnte man der Herrmannsdorfer-Kost mit 6—7 g Kochsalz nur den Charakter einer mittelstrengen zuerkennen. Sie blieb freilich damit hinter dem von C. v. Voit ermittelten Durchschnitt (= 15 g) um etwa 50—60% zurück. Die häusliche und die feinere Gasthausküche lieferte aber sehr häufig schon früher, ganz unbeeinflußt von hygienischer Forderung, Gerichte mit nur 10—12 g Kochsalz (auf den Tag berechnet). Beschränkung auf etwa 6—7 g Gesamt-Kochsalz schaltete wohl schon einen Überschuß aus, der etwa störenden Einfluß überschüssiger Ladung der Gewebe mit Kochsalz verhütete. In welchem Maße sie damit bis zu der erstrebten partiellen Demineralisation bzw. alimentären Submineralisation gelangte, bleibt zweifelhaft und ist wenigstens bisher nicht durch Tatsachen belegt. Unter Abweisung des höchst verwerflichen und aufstachelnden Wortes „der Mörder Kochsalz“, das sich vor kurzem eine angesehene Zeitschrift leistete, möchte ich aus drei Gründen als anstrebenswert empfehlen, den v. Voitschen Normaldurchschnitt von 15 g Kochsalzverzehr (Eigengehalt der Nahrungsmittel eingeschlossen) auf 8—10 g herabzudrücken; was biologisch und küchentechnisch sicher ausreicht. Dies beschränkt den Zusatz von Kochsalz in der Küche und bei Tisch auf etwa 5—7 g täglich.

1. Es ist richtig, was man heute oft hört, was aber auch alte Weisheit jeder Hausfrau ist, daß sich durch starkes Salzen Minderwertigkeit der Rohstoffe bis zu gewissem Grade vertuschen läßt.

2. Mindestens aber ebenso wichtig ist, daß — wie jeder Kenner bestätigen wird — starkes Salzen durchstehendes Merkmal einer schlechten und schlampigen, schwaches Salzen das Merkmal sorgsamer und verständnisvoller, auf Herausarbeiten vollkommenster Schmackhaftigkeit hinstrebenden Küche ist. Wenn wir Ärzte durch Belehrung es erreichen, daß die Bevölkerung schwachgesalzene Speisen verlangt, so werden schon die Familienangehörigen bzw. die Gäste der Speisehäuser es zwangsläufig durchsetzen, daß die allerorts verflachende und versumpfende Kochkunst der Familienküche und der Gasthausküche wieder zu neuem Aufstieg kommt, und daß damit eine große Kulturerrungenschaft erhalten bleibt. Wenn die Lehrkurse der sog. neuen Ernährungslehre dazu mithelfen, haben sie schon ihre Daseinsberechtigung erwiesen.

3. Es ist richtig, daß übermäßiges Salzen nicht nur für Menschen mit ausgeprägten bestimmten Krankheiten, sondern auch für solche mit Minderwertigkeit dieser oder jener Organe von Übel ist. Solche Minderwertigkeiten, z. B. in bezug auf Blutgefäße, Nieren, Magen, Darm, stehen schon lange vor jedem Krankheitsgefühl in Kraft und Wirkung und sind so verbreitet, daß man durchaus von der landesüblichen Kost verlangen darf, darauf Rücksicht zu nehmen.

IX. Allgemeintherapeutisches über Wirkungsart der kochsalzarmen Kost.

1. Allgemeines.

Bei Beurteilung der Auswirkung kochsalzarmer Kost muß man unbedingt die Verhältnisse bei Krankenkost und bei Volkskost scharf auseinander halten. Bei ersterer sind strenge Maßnahmen häufig erlaubt und notwendig, die man auf die Volkskost nicht übertragen darf (S. 73. Vgl. auch Lit. Nr 68a). Ich gehe hier zunächst auf die allgemeine therapeutische Auswirkung ein, Einzelfragen auf spätere Abschnitte verschiebend (S. 76ff.).

Die therapeutische Auswirkung kochsalzarmer Kost ist bedeutend (ausführlich besprochen im Handbuch (67) der allgemeinen Diätetik 1920, S. 911ff.). Als Auswirkung der Kochsalzbeschränkung müssen wir, von vielen Einzelheiten absehend, ins Auge fassen:

1. Wasserverlust der Gewebe, was sich bei entzündlichen Schwellungen und auch bei nichtentzündlichem allgemeinem oder lokalem Ödem am stärksten auswirkt. Ausführliches S. 77ff.

2. Nierenschonung, womit wahrscheinlich in gewissem Zusammenhang steht schonender Einfluß auf kleinste arterielle Gefäße, ferner auch Begünstigung der Ausschwemmung harnfähiger Stoffwechselprodukte, was in bezug auf Harnsäure, Indican, Ketonkörper oft sehr deutlich ist.

3. Durch Weichen des Kochsalzes aus dem Gewebe entsteht relatives Übergewicht des Calcium, und dadurch gewinnt die salzarme Kost antiphlogistische Kraft (S. 32). Nachgewiesen ist dies bisher nur für die Haut, und zwar durch die nach dieser Richtung hin grundlegenden Untersuchungen von Fr. Luithlen (44). Ich zitiere hier wörtlich folgenden zusammenfassenden Satz von Luithlen auf Seite 12 seiner Monographie aus dem Jahre 1921, wo er das Ergebnis früherer Arbeiten zusammenfaßt:

„Die Änderung der Reaktion des Gewebes (gemeint ist die allgemeine, nicht die chemische Reaktion [Anmerkung Noorden]) bei verschiedener Ernährung und bei Vergiftungen beruht, wie meine Versuche gezeigt haben, im wesentlichen auf Verschiebungen des Mineralstoffwechsels, des Verhältnisses der einzelnen Kationen zueinander. Als praktische Folgerung hat sich aus diesen Untersuchungen ergeben, daß durch reichliche Zufuhr von Gemüsemineralstoffen die Empfindlichkeit der Haut gegen äußere Reize herabgesetzt wird. Es kommen nur jene Gemüse in Betracht, die nicht kalkentziehend wirken oder überhaupt viel Oxalsäure enthalten. Eine solche Diät muß aus praktisch kochsalzfreien Speisen bestehen, da sonst dem therapeutischen Einflusse der Pflanzensalze entgegengearbeitet wird, also — außer Vegetabilien — nur aus ausgekochtem Rindfleisch bei völliger Enthaltung von Kochsalzzusatz. Dabei ist bei Bereitung der Gemüse darauf Rücksicht zu nehmen, daß ihr Salzgehalt (gemeint sind Pflanzensalze, nicht Kochsalz [Anmerkung Noorden]) erhalten bleibt. In dieser Art können wir oft die Entzündungsbereitschaft der Haut herabsetzen." — Ausführliches hierzu S. 82.

Wenn man berücksichtigt, daß inzwischen die wesentlich durch M. Bircher-Benner befürwortete und ausgebaute vegetabile Rohkost, d. h. starkes Heranziehen von Obst und Rohgemüsen das praktische Durchführen entsprechender Ernährungsweise bedeutend erleichterte, und wenn man mit mir Gerson's Losung: „Mineralien- und Vitaminüberschwemmung" als unberechtigte Übertreibung beiseite schiebt, erzählen bereits diese knappen Worte grundsätzlich alles Wesentliche, was M. Gerson in seinem Buche „Meine Kost" über seine Kost berichtet.

Aus anderen Stellen seines Buches und aus vorausgegangenen Arbeiten geht klar hervor, daß Fr. Luithlen unter den „Pflanzensalzen" im wesentlichen das Calcium als Heilfaktor ins Auge faßt, ganz im Sinne der H. H. Meyerschen Schule [R. Chiari (13) und H. Januschke u. a.]. Dementsprechend empfiehlt er auch Darreichung von Calciumpräparaten. Durch alimentäre Kochsalzentziehung wird die Haut relativ mit Calcium angereichert.

Es scheinen mir die angeführten drei Formen der Auswirkung salzarmer Kost maßgebend zu sein für wichtigste Teilstücke des Erfolges, den man mit der Gerson-Herrmannsdorfer-Diät erzielte. Obwohl dieselbe — zumindest die letztere — nicht so kochsalzarm war, wie man ursprünglich annahm, bedeutete sie doch sicher für die meisten Verzehrer, im Vergleich mit früherem Kochsalzverzehr, starke Entlastung. Gewiß ist es im Hinblick auf die Ausführungen Fr. Luithlen's kein Zufall, daß sie sich besonders bewährte bei Lupus und bei exsudativen Diathesen der Haut.

Auf Grund von Erfahrungen über Art und Weise, wie äußerst kochsalzarme Kost in der Praxis durchgeführt wird, erscheint es mir wichtig, drei Punkte hier zu besprechen.

2. Calciuminjektionen bei ungesalzener Kost.

Wie oben erwähnt, empfahl Fr. Luithlen die Calciumwirkung der ungesalzenen Kost durch Verabfolgen von Calciumpräparaten zu unterstützen. Ohne die in der Literatur längst festgelegten Beziehungen zwischen Kochsalzverdrängung und Calciumwirkung zu kennen, fügte von ganz anderen Gesichtspunkten aus (Überschwemmung mit Mineralien) auch M. Gerson seiner Kost Calciumsalze in Form des Mischpräparates „Mineralogen" als Medikament hinzu. Auch sonst wurde das Verabfolgen von Calciumpräparaten üblich. Von innerlichem Gebrauche derselben wurde kein Nachteil berichtet; auch ich sah nichts Derartiges. Ihre Resorption ist gering im Verhältnis zur Größe der Gaben. Pharmakologisch wirkt sich das oral dargereichte Calcium nur undeutlich aus (W. Heubner). Anders bei intravenöser und intramuskulärer Injektion, wozu man ja jetzt meist das Calcium glyconicum Sandoz benutzt (in Ampullen; 1 g in 10 cm^3 Wasser gelöst; davon 7,5—10 cm^3). Hierbei kommt das Calcium-Ion viel unmittelbarer zur Wirkung. Es ist schon mehrere Jahre her, daß ich zum ersten Male bei einer Frau, die wegen Urticaria mit höchst kochsalzarmer Obst-Cerealien-Kost und gleichzeitig mit jenen Injektionen (intramuskulär) behandelt wurde, höchst unangenehme Erscheinungen auftreten sah: neben dem harmlosen Auftreten von Hitzegefühl und Hyperämie am Gesicht auch „eingenommenen" Kopf, Schwindel, Pulsbeschleunigung, Beklemmungsgefühl, lästiges Ziehen in den Gliedern, Wadenkrämpfe trotz reichlichen Wassertrinkens. Der Zusammenhang war mir nicht gleich klar. Als sich aber später in anderen Fällen gleiche oder ähnliche Beschwerden bei Verbindung der kochsalzarmen Obst-Cerealien-Kost mit üblichen Gaben von Calciuminjektionen noch mehrfach wiederholten, mußte ich annehmen, daß die Kochsalzverarmung den Körper überempfindlich für Calcium mache. Ich habe trotzdem die manchmal recht wichtigen und nützlichen Calciuminjektionen neben kochsalzarmer Kost keineswegs aufgegeben, empfehle aber dringend mit $^1/_3$ Ampulle (= $^1/_3$ g Calcium glyconicum) zu beginnen und erst nach erwiesener guter Bekömmlichkeit langsam zu höherer Gabe zu steigen. Daß es zu Überempfindlichkeit gegen Calcium durch kochsalzarme Kost kommt, ist übrigens keineswegs durchstehendes Gesetz. Die näheren Bedingungen müssen erst erforscht werden. Bei manchen verursachten die Injektionen nicht die geringsten üblen Nebenerscheinungen. Auf die erwähnten Zusammenhänge wies auf meine Veranlassung schon mein Oberarzt Dr. Fr. Lapp (40) kurz hin.

3. Flüssigkeitszufuhr bei ungesalzener Kost.

Es wird häufig bei ungesalzener Kost, namentlich im Laufe von Entfettungskuren, die Flüssigkeitsaufnahme stark beschränkt. Das ist eine ganz unnötige Quälerei, und darüber hinaus kann es auch zum Auftreten von Wadenkrämpfen führen. Selbst nach einem einzigen Tage so gut wie völlig kochsalzfreier Kost (Obst!) erlebte ich das Auftreten solcher Krämpfe in der folgenden Nacht bei Leuten, die sonst niemals daran leiden. Freilich ist dies nicht durchstehende Regel. Bei Fettleibigen sah ich die Erscheinung nie; wohl aber auffallend häufig bei mageren Leuten, denen ich wegen wahrer harnsaurer Gicht oder wegen entzündlicher Schwellungen an Gelenken reine Obstkost auf die Dauer von 3—5 Tagen verordnete. Wir haben es hier offenbar mit einer Entwässerungsfolge zu tun, vielleicht auch mit übermächtig werdendem Einfluß von Calcium auf kleine Blutgefäße. Über letzteres ist aber noch so gut wie nichts bekannt. Meine Erfahrungen liegen schon viele Jahre lang zurück, da ich schon frühzeitig mich überzeugte, daß beim Verzehr kochsalzfreier Kost in der Art, wie ich sie durchführe (kurze Perioden strengster Form, vgl. S. 101) reichliche Aufnahme von Getränk, wie dünnem Tee, Pfefferminz- und Lindenblütentee u. dgl., gewöhnlichem Trinkwasser, Fruchteis (aber nicht Mineralwasser wegen seines Salzgehaltes) dem Zweck der Kost keineswegs hinderlich sind, ihn vielmehr begünstigen. Die Salzarmut der Kost schützt vor Wasserstauung. Auch für eine große Zahl Fettleibiger gilt dies. In manchem Sanatorium ist es freilich üblich, neben kochsalzfreier Kost, insbesondere auch neben Rohkostkur, den Wassergenuß weitgehend zu beschränken. Das zielt offenbar darauf hin, Rekorde in bezug auf Gewichtsverlust aufzustellen. Es sind aber trügerische Erfolge; schon 2—3 Tage etwas reichlicheren Flüssigkeitsgenusses treiben das Gewicht des übermäßig entwässerten Körpers wieder ansehnlich die Höhe, auch wenn die eigentliche Kost unverändert bleibt. Anders in Fettsuchtsfällen mit endokrin bedingter Wasserstauung. Da kann sowohl die Zusatzverordnung stark beschränkten Wassertrinkens wie auch das Heranziehen von Theozin, Euphyllin, Salyrganinjektionen wahrhaft überschüssiges Wasser aus dem Körper entfernen helfen und damit Nutzen bringen. Wo kochsalzärmste Kost ohne solche Zusatzverordnung, d. h. also bei freier oder betonter Wasseraufnahme, den Fettleibigen nicht genügend entwässert, handelt es sich — soweit ich bisher gesehen habe — stets um Fälle mit ausgesprochener Hypothyreose, die unbedingt der Behandlung mit Schilddrüsenpräparaten bedürfen. Man sollte so früh wie möglich damit beginnen. Das am stärksten entwässernde Schilddrüsenpräparat scheint mir das Elityran zu sein.

In bezug auf die oben erwähnten Wadenkrämpfe darf ich daran erinnern, daß schon vor längerer Zeit G. Gärtner (18) abendliches Wassertrinken als Schutz vor nächtlichen Wadenkrämpfen mit Recht angelegentlich empfohlen hat.

Eine Ausnahme von der eingangs dieses Abschnittes (3) aufgestellten Regel machen Fälle mit Niereninsuffizienz höheren Grades. Da kann in der Tat, wenigstens für einige Tage, neben kochsalzfreier, wesentlich aus Kohlenhydraten bestehender Kost Wasserbeschränkung von großem Belange sein, was ich schon vor langer Zeit hervorhob (S. 77) und was Fr. Volhard später unter der Losung „Hunger und Durst" aufnahm. Nach wenigen Tagen vermehre man aber die Wasserzufuhr. Dies erleichtert das Hinauswerfen von Schlacken durch die Niere. Gleiches gilt für die Behandlung von Hochdruckkrankheiten (S. 79).

Überaus vorsichtig sei man in bezug auf Wasserverluste, sowohl durch kochsalzarme Kost wie insbesondere mit ihrer Verschärfung durch Getränkbeschränkung bei Kindern; desto mehr je jünger sie sind. Bei Kindern ist Wasserreichtum des Körpers, bei alten Leuten Wasserarmut der physiologische Zustand.

4. Zitronensäure bei ungesalzener Kost.

Zitronensaft ward, teils seiner selbst wegen, teils und namentlich als Ersatz für Essig zunehmenden Maßes üblich. Es leitet sich ab von ganz gedankenlosen ärztlichen Verordnungen. Soviel ich übersehe, ist die Losung „Zitronensaft ja, aber nur ja kein Essig" in die Praxis übernommen worden aus der sog. Naturheilkunde, die den Zitronensaft als natürlichen Säureträger bevorzugte, den Essig als unnatürliches Fabrikat aber verdammte. Ich trat schon anderenorts mehrfach dagegen auf. Zitronensäure ist im Körper schwer oxydabel; ein gewisser Prozentsatz gelangt in den Harn und belastet die Nieren bei der Ausscheidung. Essigsäure gehört zu den leichtest oxydablen Substanzen und gelangt nur unter besonderen Umständen spurenweise durch die

Nieren zur Ausscheidung (nicht zu verwechseln mit Acetessigsäure bei Acidosis der Zuckerkranken und sonstigen Formen krankhafter Acidosis). Essigsäure ist gewissermaßen ein körpereigener Stoff, Zitronensäure ein körperfremder. Essigsäure entsteht beim Abbau von Fettsäuren und von Eiweiß, ferner aus ganz normalen Kohlenhydratgärungen im Darm täglich und zwangsläufig in solchen Mengen, wie sie auch nicht annähernd als Zusatz von Speisen jemals genossen werden. In bezug auf Superacidität des Magens gilt zwar, daß Essigsäure als reiner chemischer Körper ein stärkerer Säurelockerer ist und leichter pylorischen Widerstand für die Magenentleerung auslöst als Zitronensäure gleichen Säurewertes (Wasserstoffionen-Konzentration). Dennoch ist dies belanglos. Wenn Superacide Speisen nehmen, die ebenso schwach gesäuert sind, wie man dies mittels Zitronensaft tut, ist es praktisch genommen in bezug auf Reizwirkung völlig belanglos, ob man mit Zitronensaft oder mit Essig säuert. Dazu kommt nun vom volkswirtschaftlichen Standpunkte, daß es geradezu eine Versündigung ist, von unbedachten biologischen Voraussetzungen aus das Auslandsprodukt Zitrone statt des heimischen Essigs da zu verwenden, wo es nicht unbedingt nötig ist. Für manche Gerichte, die sich bei uns eingeführt haben und mit Recht beliebt wurden, ist Zitronensaft vom geschmacklichen Standpunkte aus eine Notwendigkeit. Wir Ärzte sollten alles tun, was wir können, um die Zitrone wieder aus der Vorzugsstellung gegenüber dem Essig zu verdrängen, die sie unberechtigterweise sich erobert hat (S. 112).

Bei kochsalzfreier Kost, die mit stärkerer Auswirkung des Calcium-Ions rechnet, ist Zitronensäure geradezu ein Hemmschuh. Sie gehört in die Reihe der sog. calciumfällenden Säuren, die nach bereits alten Feststellungen der H. H. Meyerschen pharmakologischen Schule das Calcium unwirksam machen (S. 25, 26).

Auf andere Auswirkungen der kochsalzärmsten Diät komme ich noch zurück (S. 31ff., 73, 76ff., 101, 104ff.).

X. Über Supermineralisation und Transmineralisation.

Die Angst vor dem Gespenst alimentärer Submineralisation hat vielfach verleitet, das Gegenteil, nämlich erheblich verstärkte Zufuhr von Mineralien anzustreben. Von diesem Gesichtspunkte aus wurden schon seit Jahrzehnten zahlreiche Gemische anorganischer und organischer Salze unter dem Namen „Nährsalzpräparate“ auf den Markt geworfen. Im allgemeinen kann über sie ein freundliches Urteil nicht abgegeben werden, obwohl wir den Urhebern mancher die Bona fides nicht absprechen dürfen.

Von allgemeiner Supermineralisation durch solche Präparate dürfte man nur sprechen, wenn sie sämtliche bekannten Anionen und Kationen in solchem

Verhältnis miteinander vereinen, wie sie in der Asche des menschlichen Körpers oder in der Asche bewährter Kostformen vorkommen. Dies hat kein einziges sogenanntes Nährsalzpräparat erreicht, da dem außerordentliche technische Schwierigkeiten im Wege stehen; es kommen nicht nur Löslichkeitsverhältnisse sondern auch geschmackliche Rücksichten dabei in Frage.

Praktisch genommen fassen alle auf Anreicherung mit Mineralstoffen gerichteten Kostformen und Nährsalzpräparate keine allgemeine Supermineralisation ins Auge, sondern nur eine partielle, wobei aschenreiche Pflanzenkost und Präparate aus Pflanzensalzen jetzt weitaus in den Vordergrund treten. Man darf der nahrungsmittel-chemischen Technik die Anerkennung nicht versagen, daß sie in dieser Hinsicht bedeutend Besseres und vor allem Sinngemäßeres geschaffen hat als die frühere Zeit. Vgl. S. 33.

Im Vordergrund des Interesses stehen jetzt: Anreicherung mit säuerndem Material, Anreicherung mit alkalisierendem Material, Anreicherung mit Calcium, Fernhalten von Kochsalz.

1. Transmineralisation.

Dies zielt bewußt hin auf sog. Transmineralisation, d. h. auf Verdrängung bestimmter Kationen und Anionen durch andere, die man für vorteilhafter hält. Daß solche Verdrängungen möglich sind und sich unter Wirkung des Massenangebotes vollziehen müssen, ist nicht zu bezweifeln. Was Fr. Luithlen anstrebte und erreichte, war eine Transmineralisation, wenn auch dieses Wort dafür noch nicht gefunden war. Ausführlichere Beweise erbrachte W. Wiechowski (89). Es sei ferner verwiesen auf die Arbeiten von H. Spiro und seinen Schülern und auf die neueren zusammenfassenden Darstellungen von Chr. Kroetz und von A. Durig (S. 8). Freilich wissen wir — das erwähnte Referat von H. Straub (85) geht darauf ausführlich ein —, daß der Erfolg der Transmineralisationsbestrebungen von zahlreichen Nebenumständen abhängt, die noch keineswegs übersehbar sind. Das einfache Verabfolgen von Basen und Säuren im allgemeinen, von bestimmten Kationen und Anionen im besonderen gewährleistet die Speicherung noch keineswegs (S. 32).

Neu ist der Gedanke durchaus nicht. Obwohl damals erhärtende Tatsachen noch nicht feststanden, durfte ich schon im „Handbuch der Pathologie des Stoffwechsels“ (555 2, 1907) aussprechen, „daß in den Geweben bei fortgesetztem Gebrauche von Alkalien im allgemeinen und von bestimmten Alkalien im besonderen (wie Natrium, Kalium, Lithium, Calcium) sich Änderungen der relativen Mineralienmischung ergeben könnten, die für den Ablauf der intermediären Stoffwechselvorgänge nicht ohne Belang seien“; und im „Handbuch der allgemeinen Diätetik“ (1920, S. 71) konnte dies schon viel nachdrücklicher erörtert werden (Lit. Nr 67).

Aber darüber, wie, in welchem Umfange und in welchen Geweben sich derartige Verdrängungen vollziehen, stehen wir jetzt erst im Beginne der Erkenntnis, und erst recht darüber, welchen spezifischen Einfluß solche Verdrängungen auf das Geschehen in den Zellen ausüben. Vgl. Bemerkung über Alkalireserve des Blutes, S. 10.

Wir sind daher einstweilen nur auf Erfahrungstatsachen angewiesen, ein Standpunkt, der jetzt durch kategorische Behauptungen und zugkräftige Schlagwörter, die mit ernster Erfahrung nichts zu tun haben, sehr erschwert wird.

2. Über säureüberschüssige Kost und über Beziehungen von Kochsalzentziehung zu sauer bzw. alkalisch gerichteter Ernährung.

Als Tatsache nehmen wir hin, daß E. Sauerbruch und A. Herrmannsdorfer durch ihre Kostordnung ausgezeichnete Erfolge bei der Wundheilung erzielten und durch das scharfe Heranziehen der Diätetik in ihren Fachbereich sich außerordentliche Verdienste erwarben. Nicht aber dürfen wir als Tatsache hinnehmen, daß dieser Erfolg wirklich gewebssäuernder Beschaffenheit der Kost zu verdanken war, da mindestens die von Herrmannsdorfer (28) veröffentlichten Kostvorschriften säuernden Überschuß keineswegs verbürgen. Der Basen-Säure-Charakter der Kost, soweit er in den Geweben zur Wirkung gelangt, läßt sich nicht mit voller Sicherheit allein aus dem Wasserstoff-Ionengehalt des Harns erkennen. Wahrscheinlich schwankt der Charakter der Herrmannsdorfer-Kost bald mehr bald weniger um den Neutralpunkt [vgl. A. Straub (85)].

Ich persönlich halte die Kochsalzarmut für weit ausschlaggebender und, im Sinne von Fr. Luithlen, die dadurch dem entzündungswidrigen Calcium verschaffte Wirkkraft für den heilenden Faktor. Ausdrücklich darf ich erwähnen, daß nach eigenen Erfahrungen die schon über 3 Jahre zurückreichen, kochsalzärmste reine Obst-Salat-Tage, also eine Kost mit reichem Basenüberschuß auf entzündliche Schwellungen und Sekretionen verschiedenster Art, z. B. bei Gangrän, bei Phlegmonen, bei allergischer Dermatitis, bei Entzündungen der Mund- und Nasenweichteile so schnellen und so eindrucksvollen Nutzen brachten, daß nichts zu wünschen übrig blieb. Weniger günstig kann ich mich über übermäßig lang fortgesetzte und übermäßig stark basisch gerichtete Kost in Verbindung mit weitgehender Kochsalzbeschränkung äußern. Dies bezieht sich sowohl auf Entzündungen der Haut, wie auch auf Phlegmonen, Lymphangoitis, Weichteilschwellungen an Gelenken. Insbesondere schienen mir reichliche Gaben von Kartoffeln, also einem der basenreichsten Nahrungsmittel der Abheilung hinderlich zu sein, was vielleicht mit ihrem starken Kaligehalt zusammenhängt. Wir ließen auf meiner „Abteilung für Stoffwechsel- und Ernährungsstörungen" manchmal kochsalzärmste basen- und säureüberschüssige Kost bei ein und demselben Patienten planmäßig wechseln und sahen bei Vermeiden von Übertreibung nach dieser oder jener Richtung keinen Unterschied in bezug auf Auswirkung der Kochsalzverarmung des Körpers. Solche Wechselkost (Zickzacktypus, S. 99) möchte ich nachdrücklich bei therapeutischer Verwendung der Kochsalzbeschränkung empfehlen. Über die unmittelbare Auswirkung der Kost nach basischer bzw. saurer Seite unterrichtet am schnellsten die Ermittlung der Alkalireserve des Blutes (vgl. S. 10). Immerhin ist bemerkenswert, daß bei einem Manne, der wegen Stuhlträgheit in Behandlung trat, und der viele Monate hindurch nur sehr basenreiche vegetabile Kost verzehrt hatte, zur Zeit seines Eintrittes in meine Abteilung im nüchternen Zustande die Alkalireserve des Blutes durchschnittlich mittlere Höhe inne hatte (Volumprozent $CO_2 = 63$; unsere durchschnittlichen Grenzwerte bei gemischter Normalkost = 60—65). Die anfänglich wahrscheinlich vorhandene Erhöhung der Alkalireserve hatte sich also durch regulierende Anpassung selbsttätig wieder zurückgebildet.

Auf Grund der Literatur und vornehmlich auf Grund eigner Eindrücke möchte ich zunächst als Arbeitshypothese geradezu den Satz aufstellen: In bezug auf das Verhältnis zwischen Mineraliengehalt und entzündlichen Vorgängen ist die Kochsalzarmut der Kost mit ihren entwässernden und die Auswirkung des Calciums begünstigenden Eigenschaften das maßgebendste. Ob alkalisierender oder säuernder Charakter der Gesamtkost ist nebensächlich. Von Wertung der im Rohfleisch vorkommenden, im einzelnen noch unbekannten „Naturalien" ausgehend, schiebt auch A. Jesionek (33) bei Hauttuberkulose die Basen-Säure-Frage der Kost völlig beiseite. Man kann das soeben Gesagte auch in die kurzen Worte kleiden: Die negative Wirkung des Kochsalzverbotes setzt sich in bezug auf entzündliche Zustände um in positive Calciumwirkung. Übertreibungen sowohl des sauren wie des basischen Charakters sind zu vermeiden, da sie unberechenbare und vielleicht störende Wirkkräfte einschalten. Alles in allem hat sich jetzt schon kochsalzarme Kost als stärkstes Antiphlogisticum erwiesen und bewährt.

In bezug auf Entzündungsbereitschaft der Haut ist nach den neuen Untersuchungen von E. Keinig (34) und G. Hopf nicht das Kochsalz als ganzes, sondern sein metallischer Bestandteil, das Natrium, der Schädling. Es ist schon jetzt ein wichtiger, aber auch für weitere Forschung heuristisch fruchtbarer und durch Versuche gestützter Gedanke dieser Autoren, daß die Beeinträchtigung anderer Mineralstoffe durch übermäßigen Kochsalzverzehr nicht nur von kochsalzarmer Kost aufgehoben werden kann, sondern auch durch das Verabfolgen eines Mineraliengemisches, welches dem Kationengehalte des Blutserums, d. h. dem natürlichen Milieu der Zelloberfläche entspricht. Die Autoren stellten fest, daß in solcher Mischung reichliche Mengen Kochsalz enthalten sein dürfen, ohne der Entzündungsbereitschaft der Haut Vorschub zu leisten. Wenn sich dies weiterhin bestätigt, ist es für die Diätetik von großem Belang, weil die kochsalzarme Kost immerhin eine große Quälerei bedeutet. Es kann aber die kochsalzfreie Kost nicht völlig verdrängen, da dieselbe ja auch wegen ihrer Chlorarmut für mancherlei Krankheitszustände, z. B. für Nierenkranke, Herzkranke und wie es scheint auch bei rheumatisch entzündlichen Schwellungen, beibehalten werden muß (S. 76ff.).

Das Salzgemisch erhielt den Namen „Titro-Salz". Ein Präparat ähnlicher Wirkung scheint ein von den Strohscheinschen Werken aufgebautes Mineraliengemisch zu sein („Diätsalz"). Auch das alte Omalkanwasser (67) zielte darauf hin.

3. Bemerkungen über Hautkrankheiten und Calciumtherapie.

Da ich die positive Calciumwirkung der kochsalzfreien Diät bei entzündlichen Krankheitszuständen für sehr bedeutsam halte, darf ich in diesem Zusammenhang auch hinweisen auf auf die lokale Heilkraft des Calcium auf die Haut, die schon seit überaus langer Zeit bei Hautverbrennungen ausgenutzt wurde. Alles was unter dem Namen „Brandsalbe" usw. bekannt war und ist, enthält in einer oder anderer Form Calcium. Ich selbst habe schon in der ersten Auflage meiner Monographie „Bleichsucht" (Wien 1897, S. 102) auf die Heilkraft der Calciumsalbe bei entzündlichen Frostschäden, die bei der jetzt selten gewordenen, damals überaus häufigen echten Chlorose oftmals an Fingern und Handrücken vorkamen, nachdrücklich hingewiesen. Auch bei der der Entzündung nahestehenden Erythromelie und Erythromelalgie der Hände und Füße, bei den die Psoriasis manchmal begleitenden entzündlichen Einschlägen, bei Eczema rubrosquamosum siccum, bei trocknen seborrhoischen Entzündungen der Haut bewährte sich mir inzwischen Kalksalbe vortrefflich. — Die gleiche Erfahrung machte ich bereits vor mehr als einem Jahrzehnt an mir selbst bei Bienen- und sogar Hornissenstichen. Die Salbe muß in die Haut verrieben werden; die Haut muß mit dem Calcium gleichsam gefüttert werden. Auf nässender Haut und auf Wunden schadet sie. Ich möchte empfehlen, Calciumsalbe auch bei Erysipel zu versuchen. Darüber habe ich persönlich keine Erfahrung.

Ich ließ etwa 20 Patienten auf beiden Oberarmen mit dem Bienengifte „Immenin" impfen. Auf einem Arme wurde vorher und in nachfolgender Zeit die Impfstelle mit Calciumsalbe eingerieben. Bei etwa zwei Drittel der Fälle blieb dann die der Impfung folgende Entzündung bei weitem schwächer, als am andern, nicht mit Calcium behandelten Arme.

In welchem Maße sich die Calciumtherapie seit geraumer Zeit in die Behandlung von Hautkrankheiten einführte, ist bekannt. Dies nahm seinen Ausgang von den Arbeiten A. E. Wright's, der bei Urticaria die Gerinnungsgeschwindigkeit vermindert fand und annahm, daß daran und an dem Quaddelleiden die Verminderung des Blutkalkes schuld sei (1896). Daß die Dinge nicht so einfach liegen, ist längst festgestellt. Des weiteren wurde dann der Calciumgehalt des Blutes zum Führer für Indication und Contraindication von Calciuminjektionen bei Hautkrankheiten. Besonders eingehend wurde diese Frage von E. Pulay (70) studiert. Ich selbst habe starke Bedenken, ob der Calciumgehalt des Blutes wirklich ein zuverlässiger Führer ist. Er ist doch von manchen unberechenbaren Einflüssen abhängig und nur bei der recht umständlichen und schwierigen Ermittlung des gesamten Kalkstoffwechsels richtig zu würdigen. Der Kalkspiegel des Blutes sagt nichts aus über den Calciumreichtum der einzelnen Gewebe, wo sich krankhafte Vorgänge abspielen. Z. B. kann das Blut als Transportorgan sich mit Calcium anreichern, wenn aus den Geweben Kalk abgegeben wird und der Körper als Ganzes Kalkverluste erleidet; und ebenso kann das Blut an Kalk verarmen, wenn Gewebe begierig Calcium aufnehmen. Es läßt sich übrigens schwer ein sicheres Urteil über die Bedeutung erhöhten bzw. erniedrigten Kalkspiegels des Blutes fällen, wenn nicht gleichzeitig das Verhalten des gesamten Phosphorsäurehaushaltes bekannt ist. Sehr bemerkenswert sind die starken Calcium- und Phosphorsäureverluste des Körpers in sehr großen Höhen. Solche Einzelfragen zu besprechen ist hier nicht der Platz. Vgl. S. 84.

In bezug auf Therapie der Hautkrankheiten lauten die Urteile verschieden. Neben ausgezeichneten Erfolgen stehen viele Fehlschläge, wie sich u. a. auch aus dem Übersichtsreferate von J. Clifford-Hoyle (31) ergibt. Seltsamerweise nimmt dieses, im übrigen sehr beachtenswerte Referat gar keine Rücksicht auf die während der Calciumtherapie verabfolgte Kost. Sicher sind aber Erfolg der Calciumtherapie und Ernährungsform eng miteinander verbunden. Wir dürfen auf keinen Erfolg der Calciumtherapie rechnen, wenn wir nicht gleichzeitig die Kochsalzzufuhr stark beschneiden (vgl. S. 32). Vielleicht ist auch auf Beschränkung des Kalium in der Kost Rücksicht zu nehmen, das in gewisser Hinsicht bei entzündlichen Vorgängen dem Calcium entgegenwirkt [Fr. Schück (82)].

Aus eigener Erfahrung kann ich über Verbindung von Calciumtherapie (Vorsicht! S. 26) mit kochsalzarmer Kost gutes berichten bei Urticaria, Pruritus, Ekzem, Seborrhöen, Phlegmonen, Gangrän und Psoriasis. Bei letzterer werden etwaige entzündliche Komplikationen unter solcher Behandlung schnell rückläufig, während für Psoriasis selbst solche Maßnahmen meist nicht ausreichen. Bei allen diesen Krankheiten wird häufig eine rein vegetabile oder eine lacto-vegetabile Diät verordnet. Ich habe mich von deren Notwendigkeit nicht überzeugen können. Wenn es nur höchst kochsalzarm ist, kann man unbedenklich auch tierisches Material einstellen (S. 32), während ich lipoidhaltige Fette nicht für so harmlos halte. Ob die Kost basen- oder säureüberschüssig ist, scheint mir gleichfalls von untergeordneter Bedeutung bei den genannten Hautkrankheiten zu sein. Abwechslung in bezug auf die beiden entgegengesetzten Eigenschaften halte ich für besser als langgestrecktes Verweilen bei der einen oder anderen Richtung (S. 32). Bei zwei Patienten mit ausgebreitetem chronischem Ekzem trat unter extrem basischer Kost (wesentlich Kartoffeln und Blattgemüse, natürlich ungesalzen) zunächst im Laufe von 4 Tagen erfreuliche und schnelle Besserung ein, die aber während der folgenden 4—5 Tage in auffällige Verschlechterung umschlug. Vielleicht wirkte der Kalireichtum der Kartoffeln als Schädling (S. 34).

4. Über basenüberschüssige Kost.

Die M. Gerson-Diät strebt im Gegensatz zur Sauerbruch-Herrmannsdorfer-Kost im Einklang mit H. Lahmann, Bircher-Benner, R. Berg u. a. bewußt Basenüberschuß an. Die Auswahl der Nahrungsmittel, namentlich das Heranziehen reichlicher Mengen von Obst- bzw. Gemüsepreßsäften sichert vor allem hohe Kalizufuhr. Der einigermaßen phantastische Aufbau des seinerzeit anfangs hochgepriesenen „Mineralogen", in dessen Lob gar manche mit einstimmten, die es heute wahrscheinlich bereuen, entsprang bei M. Gerson wohl aus der nicht ganz unberechtigten Furcht, es könne seine Diät doch eine bedenkliche und auf mancherlei Elemente sich erstreckende alimentäre Submineralisation im Gefolge haben. Das Mineralogen wird als ein Arzneimittel bezeichnet, das den Körper mit seinem Mineraliengemisch überschwemmen soll. Es ist unnötig, hier näher darauf einzugehen, da die Wertschätzung des Mineralogens stark im Abklingen ist.

Nur eine grundsätzliche Bemerkung sei eingeflochten. M. Gerson bezeichnet zwar ausdrücklich in seinem Buche „Meine Diät" (1929 und 1930) das Mineralogen als Medikament, das vom Arzte nach Ermessen zu verordnen oder nicht zu verordnen ist. Er hat dabei also krankhafte Zustände im Sinne. Andererseits wendet sich dieses Buch keineswegs nur an den Arzt, sondern es will auch dem Gesunden bzw. der Volksernährung die Richtung weisen; und tatsächlich befindet sich das Buch noch mehr in Händen Gesunder als in denen von Ärzten. Wenn man nun den Aufbau der auch für Gesunde pfadweisenden Gerson-Kost durchmustert, so ergibt sich, daß sie zwar überaus kalireich, dagegen in bezug auf Calcium bedenklich unterwertig ist bzw. je nach Auswahl der „erlaubten" Nahrungsmittel sehr leicht unterwertig ausfallen kann. Die Kochsalzfurcht ließ M. Gerson über das Ziel hinausschießen, als er die Milch mit ihrem Abkömmling, dem

Käse, beides unsere bedeutsamsten Calciumträger, in seiner Kost stark zurückdrängte. Die Sauerbruch-Herrmannsdorfer-Kost ging in dieser Beziehung einen vorsichtigeren Weg und nahm reichliche Menge von Milch auf.

Aus Gerson's Buch ist nicht klar ersichtlich, in welchem Maße er durch seine Kostvorschriften die Volkskost zu beeinflussen strebt. Angesichts dieser Unklarheit richten sich die folgenden Bemerkungen nicht gegen ihn, sondern wollen nur Allgemeingültiges betonen. Jede Kost, die Richtschnur für Volksernährung sein will, ist auf bedenklichem Abwege, wenn sie nicht reichlichen Milchgenuß empfiehlt. Für bestimmte Zwecke der Krankenkost, die immer nur zeitweilige Verwendung findet, liegt dies anders. Ernährungsgeschichtlich hat M. Gerson übersehen, welche trefflichen Erfolge bei Tuberkulose die Steppenkuren zeitigten, bei denen Kumys und salzhaltiges Roggenbrot bei weitem das Hauptstück der Gesamtkost ausmachten. Jede Kost, die auch nur andeutungsweise Richtschnur für Volksernährung sein will, muß des weiteren so eingestellt sein, daß sie mit vollster Sicherheit und mit voller Berücksichtigung der nie vermeidbaren Abweichungen, Ungenauigkeiten und Mißverständnisse nach allen Richtungen und ohne jede Zutat (Nährsalze u. dgl.) den Gesamtbedarf deckt. Je enger der Rahmen einer solchen Kost — und jeder Krankenkost eignet enger Rahmen — desto gefährlicher ist es, sie als Muster einer Volkskost hinzustellen oder auch nur zu gestatten, daß sie als solches gedeutet wird.

In bezug auf basische Supermineralisation geht in seinen Forderungen am weitesten R. Berg (4). Um sicher basischen Überschuß zu gewährleisten, muß er auf animalische Nahrungsmittel fast ganz verzichten; Eier und Käse sind schon sehr bedenkliche Störenfriede; Milch mit ihrem sehr geringen Basenüberschuß steht so nahe der Grenze von gut und böse, daß R. Berg höchstens $^1/_4$ Liter täglich erlaubt; neben diesem kleinen Quantum Milch befiehlt er: „5—7mal soviel Kartoffeln, Gemüse, Früchte wie alle anderen Nahrungsmittel einschließlich Brot zusammen.“ Bei der Kartoffel aber liegt der eigentliche Schlüssel zum Basenparadiese; denn auch unter den Früchten und Gemüsen ist gar manches verdächtig oder geradezu dem Basenüberschuß gefährlich. Als beweisend für den Segen basischer Kost betrachtet Berg den Befund (C. Röse), daß bei basenüberschüssiger Kost das sog. Eiweißminimum sich tiefer herabdrücken lasse als bei säureüberschüssiger Kost. Andere konnten dies zwar nicht bestätigen. Aber selbst wenn auch wirklich an dieser untersten Grenze der Erhaltungskost Eiweißumsatz und etwa auch Energieumsatz bei basenüberschüssiger Kost tiefer sinken, wer gibt das Recht dazu, dies als bewundernswerte Mehrleistung des Organismus und nicht etwa als trübseligen Niederbruch endokriner und protoplasmatischer Energie zu deuten?

Wo in aller Welt sind die Belege darüber, daß basenüberschüssige Nahrung Menschen erzieht, die gesünder und tüchtiger an Leib und Seele sind und desgleichen Kinder höherer Wertigkeit erzeugen und gebären, als es neutrale oder säureüberschüssige Kost gewährleistet? Der Basenüberschüssler schaue sich nur einmal in den schweizerischen, bayerischen und oberösterreichischen und steirischen Alpen — aber abseits der Kropfgebiete — die prächtig gediehenen Volksstämme an, deren Kost seit Jahrhunderten eine überragend saure ist: Neben der annähernd als neutral einzuschätzenden Milch vorwiegend als stark säuernd: Quark, Käse, Roggenbrot in großen Mengen, Hafer oder Gerste, neuerdings hin und wieder Teigwaren, reichlich Trockenerbsen, -linsen und -bohnen, in mäßiger Menge Dörrfleisch und Dörrspeck, seltener Schlachtfleisch, häufiger vielleicht noch gelegentlich erwischtes Wildbret. Daneben Kartoffeln in ungleich geringerer Menge als sie in Norddeutschland üblich sind, und ganz spärlich das namentlich auf österreichischem Gebiete sehr kostspielige Gemüse, eher schon Äpfel roh oder gedörrt.

Solche vergleichende Ernährungsstudien würden sicher gar manchen nicht allzusehr fanatisierten Basenköstler dahin aufklären, daß es auch noch andere Kostformen gibt, die den Menschen vor körperlicher und geistiger Degeneration bewahren. Es wird bei uns in Zukunft gewiß alles geschehen, eine genügende Summe von Nährsalzen, im physiologischen Sinne dieses Wortes, jeglicher Volkskost zu sichern. Aber zwangsläufiger Basenüberschuß gehört nicht zu dem, was erstrebt werden muß. Im Gegenteil, je früher die Losung: „basenüberschüssige Kost“ wieder von der Volksseele vergessen wird, desto besser. Sie hat schon genug Wirrwarr angerichtet und tritt auch dem Arzte bei begründeten diäto-therapeutischen Ratschlägen oft hindernd in den Weg.

Als humoristisches Beispiel folgendes: Im letzten Sommer verordnete ich einer schon vielfach vorbehandelten Dame wegen Stuhlträgheit und auf dieser Grundlage entstandener Colica mucosa des Darms eine Kost, die reichlich mit Vegetabilien ausgestattet war und sich im weiteren Verlaufe sehr gut bewährte. Sie hielt mir mehrfach entgegen, daß diese Kost ihr doch nicht das Vollmaß von Vitaminen und Mineralbasen zuführe; es gäbe doch andere Vegetabilien, die viel reicher daran seien. Als dieser Einwand immer wiederkehrte, sagte ich ihr: „Gut, Sie sollen dieselben in reichlichster Menge an der Quelle bekommen. Man wird Sie jetzt täglich Mittags auf die nahe Exelalp fahren und Sie sollen dort soviel grünes Gras essen, wie Sie wollen. Vitamin- und basenreichere Kost gibt es nicht.“ (Ob dies stimmt, weiß ich übrigens selbst nicht!) Jedenfalls wirkte dies denn doch so erschütternd, daß sie nunmehr fügsam die verordnete und sie heilende Kost nahm.

Die Berechnung des Basen-Säurewertes nach den Tabellen von Ragnar Berg ist weit verbreitet; nicht nur bei Ärzten, sondern auch bei Laien. Seine Tabellen geben aber höchstens Annäherungswerte, selbst wenn man sie nur als Durchschnittswerte betrachtet. Daß gegen sie als Unterlage für basen- bzw. säureüberschüssige Wirkkraft der Kost ernste Bedenken vorliegen, ist bekannt (vgl. u. a. A. Straub) (85). Mindestens ebenso wichtig und der Genauigkeit abträglich ist, daß bei gleicher Art von Gemüsen, Früchten und auch von animalischen Nahrungsmitteln der Gehalt an basischen und sauren Valenzen ungemein verschieden sein kann (S. 15, 39).

Ich muß die Lehre vom Basenüberschuß als Grundlage vernünftiger Ernährung als freie Erfindung und vom praktischen Standpunkt aus als unzweckmäßig und zu höchst einseitiger Kost hinleitend bezeichnen. Darüber hinaus ist es aber an der Zeit, gerade im Hinblick auf die Mineralisationsfragen die professionellen und gleichzeitig unverantwortlichen sog. „Kostverbesserer“ gründlich in ihre Schranken zurückzuweisen. Einzelartikel und ganze Zeitschriften lehren und verlangen jetzt das „Überschütten“ mit Mineralstoffen im allgemeinen, mit einzelnen Elementen, z. B. Calcium im besonderen, ebenso übrigens das Überschütten mit Vitaminen und tragen diese aufreizenden Rufe bis in jede Hütte. Das tun sie, ohne daß wir Naturwissenschaftler und erst recht sie als Besserwisser eine Ahnung davon haben, was durch derartige Überflutungen im Körper angerichtet wird. Wie früher schon gesagt, stecken wir gerade in bezug auf Auswirkung alimentärer Super- und Transmineralisation noch im Anfange der Erkenntnis. Die eigenbrötlerischen Kostreformer wettern ja genug gegen übertriebenen Fleisch- und Eiweißverzehr. Aber allgemein bekannt ist, daß auch weit darüber hinaus übertriebener Verzehr von Fett, von Zucker, von anorganischen und organischen Säuren, ja sogar von Wasser erheblich schaden kann, wenn es sich auch oft erst nach langer Zeit deutlich auswirkt. Ausgerechnet Basen und Vitamine in beliebigem Überschusse sollen etwa nicht schädlich sein? Darüber später mehr (Vitamine S. 60).

R. Berg veröffentlichte jüngst in aller Ausführlichkeit die zeitlich weit zurückliegenden Versuche, auf welche er seine Lehre über Zweckmäßigkeit möglichst eiweißarmer Kost und Basenüberschuß der Gesamtkost gründete. Sie entstammen im wesentlichen einem Selbstversuch von C. Röse. Ein jeder, der C. Röse kennt, weiß zu würdigen, daß er diese langwierigen, an mühseliger Arbeit, staunenswerter Geduld und Entsagung reichen Versuche (1912—1914) mit allergrößter Exaktheit ausführte. Die Versuche sind ein Denkmal für aufopfernde treue Arbeit im Interesse wissenchaftlicher Forschung. Unzweifelhaft enthalten sie vieles, was zu weiterer Forschung und Vertiefung anregt. Keineswegs sind aber die weitgehenden Schlüsse berechtigt, die jetzt R. Berg (4) aus ihnen ableitet. U. a. ist es sehr bedenklich, Untersuchungsergebnisse, die nur an Einzelpersönlichkeiten gewonnen sind, als Richtschnur für Volksernährungsfragen auszuwerten.

Aus der Landwirtschaft und Gartenkultur wissen wir, daß man bei bestimmten Formen sehr reichlichen Düngens zwar prächtig aussehende Gemüse und Früchte erzielen kann, daß diese Schaufrüchte aber in bezug auf Geschmack und Haltbarkeit nichts weniger als befriedigen. Wir erfahren jetzt u. a. aus der Biologischen Reichsanstalt, daß das theoretisch verlangte und dann übereilig ausgeführte Düngen des ostelbischen Sanddodens mit dem jetzt für Pflanzen, Tiere und Menschen so hoch gewerteten Kalk sowohl Ertrag wie Fortpflanzungsfähigkeit und Aroma der an säuerlichen Boden gewöhnten Kulturpflanzen u. a. Buchweizen und Roggen erheblich beeinträchtigte [F. Merkenschlager, H. Bortels (10)]. Diese einzelne aus der Pflanzenbiologie herausgegriffene Tatsache genügt. Wir Ärzte müssen es scharf zurückweisen, wenn Eigenbrötler vorgefaßter Meinung zuliebe und ohne jede Ahnung, was sie damit im Körper anrichten, den Alkaligehalt unserer Kost berghoch türmen wollen. Es könnte uns gar leicht ebenso wie dem Buchweizen gehen, der einst auf dem säurespendenden Sandboden prächtig und würzigen Geschmackes gedieh, jetzt aber auf gekalktem Boden dahinsiecht, von Generation zu Generation merklicher.

Die Basenköstler sollten aus dieser Tatsache lernen, daß auf säuerlich gerichtetem Sandboden lebende pflanzliche Organismen, wie Kartoffeln (sogar die schmackhaftesten Deutschlands), Gurken, manche Arten von Rüben, auch zahlreiche Obstsorten, prächtig gedeihen. Sie werden auch dort zu Sammelstätten und Vorratsspeichern ansehnlicher Alkalivorräte und gelten, trotz ihrer den Basenköstlern sicher sehr verdächtigen Abstammung und Ernährung aus säuerlich gerichtetem Boden, als wichtige Teilstücke basenüberschüssiger Kost. Ich erwähnte (S. 32), daß auch bei einem Manne nach langem Durchführen basenreicher Kost die Alkalireserve des Blutes auf durchschnittlich normalen Wert sich eingestellt hatte. Vgl. S. 17.

Das Berichtete lehrt, daß bei der Pflanze ihre Eigenart letzten Endes maßgebend ist dafür, welche Mineralstoffe, in welcher Menge und in welchem Verhältnis sie dieselben aufnimmt und anhäuft, ebenso wie die gedeckelte Schnecke gewaltige Mengen von Kalksalzen aufnimmt und ansetzt aus der gleichen oder mindestens sehr ähnlichen Nahrung wie die Nacktschnecke, aber mit dem Unterschiede, daß letztere die Kalksalze zwar aufnimmt aber nicht ansammelt. Immerhin kann trotz des beherrschenden Einflusses ihrer Eigenart die Pflanze offenbar doch höheren Maßes durch Überangebot zur Aufnahme und Speicherung bestimmter Mineralstoffe gezwungen werden, als J. v. Liebig in seinem Gesetze vom bestimmenden Einflusse des Minimums für das Gedeihen der Pflanzen zum Ausdruck brachte. Ob dieser Zwang aber zu deren Vorteil ausschlägt, ist eine andere Frage. So auch beim tierischen Organismus, der insofern im Vorteil ist gegenüber der Pflanze, als er sich des aufgezwungenen Überschusses leichter entledigen kann, wenigstens in bezug auf die eigentlichen Nährsalze, weniger in bezug auf Schwermetalle. Als Beispiel erwähne ich das Verhalten des Kalkes. Ohne vorausgegangene Calciumarmut der Kost kann die Speicherung bei nachfolgendem überschüssigem Angebot eine Woche lang täglich 2 g CaO und mehr betragen; später vermindert sich der Ansatz trotz gleichen Angebots. Ähnlich, nicht ganz so ausgesprochen verhält sich die Phosphorsäure. Darzutun, in welchem Maße CaO dem menschlichen Körper aufgezwungen werden kann, mögen folgende Beispiele dienen:

In einem sehr genauen Selbstversuche, den G. Herxheimer (29) im Jahre 1897 in meiner Frankfurter Klinik durchführte, wurden bei Zulage kohlensauren Calciums zur Grundkost von insgesamt 68 g Kalk 16 g innerhalb acht Tage im Körper gespeichert. Bei einer Wiederholung des Versuches zu anderem Zwecke, aber mit genau gleicher Kostordnung fand Th. R. Offer in meiner Klinik (1899) eine Retention von 20 g, von denen nach Rückkehr zur Kost der Vorperiode in 5 Tagen 14 g wieder in Harn und Kot abgegeben wurden. Die Untersuchung von Aderlaßblut am Schlusse der Kalkperiode ergab eine Erhöhung des Calciumspiegels im Blute um 3%, am Schlusse der Nachperiode um 4% gegenüber dem Schlusse der Vorperiode, also Unterschiede, die noch im Bereiche der Fehlergrenze liegen; dies in Übereinstimmung mit neueren Befunden (namentlich W. Heubner's) über die Schwierigkeit, das Blut durch Kalkfütterung mit Calcium anzureichern. Irgend eine merkbare Beeinflussung des Allgemeinbefindens ergab sich in beiden Fällen nicht.

Der Versuch Offer's zielte hin auf Beeinflussung des Magnesium-Umsatzes durch reichliche Calciumaufnahme. Da das Gefäß, welches das Material für Bestimmung der Magnesia des gesammelten Harns enthielt, durch eine Ungeschicklichkeit zertrümmert wurde, war der Zweck des Versuches verfehlt, und die Resultate blieben unveröffentlicht.

Ich bin mir wohl bewußt, mit den vorgebrachten Gesichtspunkten über Beziehungen zwischen Mineralienzufuhr und -speicherung die Grenzen festgestellter Tatsachen überschritten zu haben. Nur Einzelstücke, die als Grundlage dienen, sind genauer bekannt. Daß das vorgebrachte aber der Richtung entspricht, in welcher weiter zu forschen ist, scheint mir festzustehen.

5. Thesen.

Ich schließe diesen Abschnitt über die Mineralversorgung mit folgenden zusammenfassenden Sätzen:

1. Das Basen-Säure-Gleichgewicht des Blutes — eine entwicklungsgeschichtlich biologische Konstante — wird durch keinerlei bekannte Kostform, die sich auf natürlichem Wege geschichtlich entwickelt hat, verschoben.

2. Das Bestreben, derart auf die Volksernährung einzuwirken, daß daraus vielleicht eine Abänderung jener biologischen Konstante folge, ist unerlaubte Vermessenheit.

3. Die Gewebszellen sind — je nach ihrer Art verschiedenen Maßes — befähigt, basische und saure Radikale zu speichern.

4. Submineralisation der Nahrung und damit der Gewebe kann durch Zwangskost und durch willkürlich gewählte oder verordnete einseitige Kost entstehen.

5. In Kostformen, die sich selbständig und zwanglos entwickelten, hat sich bisher nur die allzu große Jodarmut als unzweifelhaft schäd-

lich erwiesen. Es fehlen sonstige Beweise dafür, wie auch M. Rubner oftmals betonte.

6. Derartige alimentäre Submineralisation kann theoretisch auch eintreten, wenn Gemüse ausgelaugt wird und die in das Brühwasser übergetretenen Pflanzensalze vergeudet werden. Daß sich diese Vergeudung in der Volksernährung und Krankenkost mit starkem Nachteil ausgewirkt habe, wird zwar behauptet; aber auch hier fehlen die Beweise (vgl. Vitamine, S. 60ff).

7. Die Unart, die Gemüsekost durch unzweckmäßige Behandlung zu demineralisieren, soll durch Belehrung bekämpft werden. Die Unart war durchaus nicht allgemein verbreitet, und die Verfahren, den Verlust zu verhüten, sind durchaus nicht neu, sondern uralt und über weiteste Teile des Erdkreises dauernd in Gebrauch.

8. Die früher als zweckmäßig erachtete Tagesmenge von 15 g Kochsalz kann bei guter Küche unbedenklich auf etwa 8—10 g herabgesetzt werden, wovon etwa 3—4 g bereits im Rohmaterial, d. h. in der ungesalzenen Kost, vorhanden sind und einverleibt werden. Man hat zwar Behauptungen aber keinerlei Belege dafür, daß der früher geltende Durchschnitt für Gesunde schädlich war. Sicher schädlich war er für scheinbar Gesunde, die mit Minderwertigkeit der Nieren, der Kreislauforgane, der Schilddrüse, bei konstitutioneller Entzündungsbereitschaft der Haut und vielleicht auch anderer Organe behaftet waren. Das Herabsetzen der alten Kochsalznorm auf $^2/_3$ bis $^1/_2$ ist schon deshalb nützlich, weil es die Sorgfalt und die wahre Kunst der Küche zwangsläufig heben wird (S. 24, 73).

9. Weitgehende Kochsalzbeschränkung wirkt entwässernd und entzündungswidrig. Letzteres beruht auf dem durch Weichen des Kochsalzes aus den Geweben entstehenden Übergewicht des Calciumions (S. 25). In bezug auf ihre entzündungswidrige Auswirkung scheint es gleichgültig zu sein, ob die übrige Kost sauren oder basischen Überschuß enthält (S. 31).

10. Ob und welchen Maßes weitgehende Kochsalzbeschränkung auf die Dauer im Einzelleben oder im Laufe von Generationen Nachteile bringt, läßt sich noch nicht beantworten. Über Kochsalzfragen auch S. 72, 76ff.

11. Super- und Transmineralisationen in Geweben anzustreben, ist wahrscheinlich für die Zukunft ein sehr aussichtsreiches therapeutisches Verfahren. Wir wissen aber noch zu wenig darüber. Bei jetzigem Stande der Kenntnisse solche Bestrebungen auf die Volksernährung zu übertragen, ist ein Verbrechen. Insbesondere können wir nur stückweise (These 9) die Vorteile der Transmineralisation, aber fast noch gar nicht übersehen, zu welchen schädlichen Abartungen des Zellstoffwechsels allgemeine Supermineralisation und einseitige Transmineralisation auf die Dauer hinleitet (S. auch Th. Lang).

XI. Über verschiedene Einzelprobleme der Ernährungslehre.

Bei den Mineralisationsfragen berichtete ich im wesentlichen über den jetzigen Stand der Fragen. Ich gab auch eigne Urteile ab, jedoch nur wo dieselben klar begründet waren, oder wo es galt, faustdicken Irrlehren mit starkem Worte zu begegnen, oder wo sie nur heuristischen Wert zu haben schienen.

Bei den Einzelproblemen, zu denen ich im folgenden Abschnitt übergehe, und denen ich dann noch eine — wie mir scheint — vom allgemein therapeutischen Standpunkte aus wichtige Betrachtung anschließen werde, kommt es mir im wesentlichen auf das Kundgeben meiner eigenen Stellungnahme an, die natürlich auf Erfahrungen, Überlegungen und möglichster Beachtung aller maßgebenden Gesichtspunkte aus Ernährungslehre und ihren Grenzgebieten fußt. Wollte ich alles im einzelnen begründen, so müßte ich Bücher oder mindestens ganze Abhandlungen darüber schreiben. Ich muß es also in den Kauf nehmen, wenn dem Leser das eine oder andere von dem was ich vorzubringen habe, als Werturteil erscheint.

1. Höhe der Eiweißzufuhr.

Über zweckmäßige Höhe der Eiweißzufuhr wogen seit 50 Jahren die Erörterungen hin und her, und steigenden Maßes haben sich daran Laienkreise beteiligt. Den schweren und teilweise pöbelhaften Angriffen gegenüber, die von manchen Seiten gegen die früher übliche Höhe des Eiweißverzehrs, insbesondere gegen Fleischgenuß laut wurden, haben öffentliche Meinung und Einstellung der Ärzte, vielleicht ohne daß sie sich dessen bewußt wurden, so weit nachgegeben, daß „bescheidener" oder „mäßiger" Eiweißverzehr Losungswort wurde. Dieses Wort deckt alles, was etwa zwischen 60 und 90 g N-Substanz-Verzehr des Erwachsenen liegt, wobei wir die immerhin anfechtbare Relation „Eiweiß : Körpergewicht" lieber außer Betracht lassen.

In Österreich spiegelt jenes Losungswort nur tatsächlich Gewohntes wieder, da in überragend zahlreichen Familien Fleisch oder Fisch nur einmal des Tages auf den Tisch kommt und dies auch meist nicht täglich. Wurst und Räucherwaren spielen im Familienhaushalt eine ungleich geringere Rolle als in Deutschland. Man darf sagen, daß ganz automatisch in breiten Schichten der österreichischen Bevölkerung der durchschnittliche Eiweißverzehr des Erwachsenen 70 g kaum übersteigt. Volkswirtschaftler und Physiologen sind in Österreich aber stark bemüht, Mittel und Wege zu finden, um ohne wirtschaftliche Mehrbelastung den Eiweißverzehr zu heben. Als Material können dafür nur in Betracht kommen: Seefische [übrigens sehr vitaminreich! A. Scheunert (79)], inländischer Käse, Hülsenfrüchte einschließlich der trefflichen Soyabohne (S. 50). Es ist komisch aber wahr, daß die Soyabohne von gar manchen in Österreich beanstandet wurde, weil der Wortklang an die hier gänzlich in Verruf stehende „Saubohne" erinnert, mit welchem wegwerfenden Worte man hier unterschiedslos alle Arten der Puffbohne (Vicia faba L.: franz. Fève) bezeichnet.

In Wirklichkeit ist nur die sogenannte Feldpuffbohne Schweinefutter (Saubohne), während die zahlreichen edleren Arten fast überall, nur nicht in Österreich, als eines der schmackhaftesten und wertvollsten Gemüse hoch geschätzt werden.

Fast überall, besonders auch in Deutschland, sind jetzt zwei Strömungen zu erkennen. Die eine zielt auf planmäßigen Abbau des Eiweißverzehrs hin, und zwar bis unter das Maß dessen, was ich soeben als bescheidenen Eiweißverzehr bezeichnete. Die andere Strömung befürwortet, den Eiweißverzehr der Bevölkerung planmäßig zu steigern und demgemäß volkswirtschaftliche Fürsorge zu treffen.

Für Senkung des Eiweißverzehrs müssen zwangsläufig sich einsetzen: alle grundsätzlichen Reinvegetarier und die Basenüberschüssler, wozu auch alle Rohköstler gehören, die sich rein auf Vegetabilien beschränken, während der Begriff Rohkost an sich auch den Verzehr aller nicht durch Hitze oder Chemikalien denaturierten, möglichst frischen Nahrungsmittel gestattet. Zwischen den rein vegetarischen und den auch Rohanimalien (Milch, Eier) genießenden Rohköstlern gibt es Übergänge aller Art. Unbedingt auf möglichst eiweißarme Kost hinstreben müssen die Verfechter basenüberschüssiger Kost [R. Berg (4) u. a.], weil selbst bescheidene Mengen der wichtigsten Eiweißträger des Tier- und Pflanzenreiches den Basenüberschuß schwer gefährden würden. Ein eiweißarmes System ist auch alles in allem genommen die Gerson-Kost, wenigstens in der Form, wie sie praktisch tatsächlich durchgeführt wurde und wird, obwohl ihre originalen Satzungen nur verlangen „Verminderung der tierischen Eiweißstoffe“ (Fleisch, Eier, Wild, Geflügel usw.) und es jedem Arzte überlassen, am Krankenbette die Höhe der Fleischzufuhr selbst zu bestimmen. Herrmannsdorfer drückt sich genauer aus, indem er 600 g Fleisch (zubereitet gewogen) als oberes Wochenmaß angibt. Sicher hat das in geschehenem Maße offenbar nicht von ihrem Begründer beabsichtigte Hinausgreifen der Gerson-Diät über den Rahmen einer Krankenkost hinaus auf die Volkskost wesentlich dazu beigetragen, die künstlich geschaffene Proteinphobie mancher Bevölkerungskreise zu verstärken. Insbesondere war auch sein Bedenken gegen Milch und Käse von Belang, welches weit über die Wände seiner Krankenanstalt hinaus Einfluß gewann.

Daß bei Kranken oftmals eiweißarme Kost verordnet werden muß, ist jedem Arzte altgeläufig. Meines Erachtens wird freilich viel zuviel davon Gebrauch gemacht, und seit Jahrzehnten haben Ärzte und ganze Gruppen von Kranken bei allerverschiedensten Krankheitszuständen zu hohes Vertrauen gerade dieser Maßnahme geschenkt. Ich erwähne hier vor allem das ganze Heer von Neuropathen. Es war mir immer unerklärlich, wie Neurologen und Leiter von sog. Nervenheilanstalten dem Wahne verfallen und diesen Wahn von Generation zu Generation vererben konnten, daß eiweißarme Kost im allgemeinen, fleischfreie Kost im besonderen für ihre Kranken ein Heilmittel sei. Als suggestives Hilfsmittel war es gewiß einst brauchbar. Daß es sich als solches längst abgenutzt hat, wird immer noch übersehen. Ich ging schon vor beinahe 40 Jahren den entgegengesetzten Weg und gebot den Neuropathen reichlich Protein zu verzehren, namentlich auch Fleisch, womöglich schon zum ersten Frühstück ein Beefsteak. Ich weiß genau, daß dies bewußte Suggestivtherapie war, ein Gewaltakt, und daß der Verzehr des Proteins stofflich nur ein kleines Teilstückchen zu den zahlreichen und ansehnlichen Erfolgen beitrug, die ich bei Neuropathen in bezug auf das Verdrängen von Phobien dem morgendlichen Beefsteak (100—125 g Rohgewicht) verdanke. Ich weiß aber andererseits, daß ich gar manchem Neuropathen wesentlich nützte, indem ich ihn wieder zu anregender und kräftigender reichlicher Eiweißkost erzog und ihn von der iatrogenen Eiweißfurcht erlöste. Ich erinnere in diesem Zusammenhange an den alten Ausspruch Fr. Schultze's, der in anderem Zusammenhange, bei kritischer Besprechung der medikamentösen Behandlung von Neurasthenikern, sagte, ein Beefsteak schätze er allemal höher als Darreichung von Arsen. Kraftfutter ist gar oft bei Neuropathen viel nützlicher als halbjährige Psychoanalyse zwecks Aufstöberns eingeklemmter Phobien und in die Tiefenseele versunkener Reizvorstellungen, die übrigens oft gar nicht da waren, sondern erst bei der Psychoanalyse eingeimpft wurden und dann beim Herausholen ein Befreiungsgefühl erwecken (S. 98).

Nur wenige Worte noch über die Eiweißmenge in der Diabetikerkost. Es sind sich heute wohl fast alle Stoffwechselpathologen darüber einig, daß die Eiweißbeschränkung in der Diabetikerkost vielfach stark übertrieben wurde. Selbst Ärzte, von denen man klügeres Urteil und bessere Einsicht hätte erwarten sollen, haben die Vorteile starker Eiweißbeschränkung überschätzt und an ihren Nachteilen vorbeigesehen. Beinahe zwei Jahrzehnte hindurch war ich fast der einzige, der immer aufs Neue vor Dauerernährung der Zuckerkranken mit eiweißarmer Kost warnte, so sehr ich andererseits für zeitweiliges Einschieben einzelner Tage oder kurzer Perioden eiweißarmer Gemüse-Fett-Kost eintrat. K. Petrén entwickelte daraus eine über Wochen und Monate sich hinziehende Dauerkost, wohl die unsinnigste und quälendste Diät, die je für Zuckerkranke erdacht wurde. Vgl. S. 71.

Es wird jetzt von niemand mehr bestritten, daß Beschränkung der Eiweißzufuhr auf etwa die Hälfte der früher als Normalmaß für den Erwachsenen gestatteten 115 g in der Tageskost bei Mischung und Abwechslung der Proteinträger, wochen-, monate- und sogar jahrelang ohne merklichen Nachteil durchgeführt werden kann und darf, wenn die sonstige Kost vernünftig aufgebaut ist. Wahrscheinlich, aber keineswegs sicher, bringt solch eiweißarme und noch eiweißärmere Kost dem Einzelmenschen auch dann keinen merklichen Schaden, wenn er sie das ganze Leben hindurch genießt. Die einzelnen dürften sich in dieser Hinsicht verschieden verhalten. Die persönliche Gleichung zwischen der Einzelpersönlichkeit und ihrem Eiweißbedarf wird ärztlich zu wenig beachtet. Dem aufmerksamen Arzte kann die Verschiedenheit der Reaktion nicht entgehen. Vom grünen Tische aus ist die Frage nicht zu lösen. Doch die an kleiner Minderheit und in immerhin kleiner Zeitspanne gemachten, anscheinend beruhigenden Erfahrungen über Harmlosigkeit wahrhaft eiweißarmer Kost propagandistisch zu verallgemeinern und als hygienisches Ideal der Zukunft zu preisen, halte ich für sehr bedenklich. Es ist gar nicht sicher, ob unser Volksstamm bei einer das ganze Einzelleben dauernden und Generationen hindurch sich fortsetzenden eiweißarmen Kost gedeihen würde. Wohin wir in der Geschichte blicken, Herrenvölker waren immer starke Eiweißverzehrer. Versklavt durch den Versailler Friedensvertrag, der den Völkern keinen wahren Frieden brachte, wollen wir doch auch wieder ein Herrenvolk werden. Auch bei uns ist der gesunde Volksinstinkt, dem ich in Ernährungsfragen hohes Vertrauen entgegenbringe, niemals an der Auffassung irre geworden, daß die Eiweißträger, wie Fleisch, Fisch, Eier, Milch, Käse, Hülsenfrüchte als Kraftnahrung besonders hoch zu werten seien, und nicht umsonst wird eiweißreiches Kraftfutter trotz erheblichen Preises von den Viehzüchtern stürmisch verlangt. Wenn in einem uralten Buche entbehrend und jammernd an die „Fleischtöpfe Ägyptens" erinnert wird, erkennen wir darin gleichfalls, wie uralt das Verlangen der Volksseele nach proteinreicher Kraftkost ist.

Ende 1917 sagte und schrieb ich (57): „Die Vegetarier jubeln, der Krieg habe gelehrt, wie richtig ihre Grundsätze seien; trotz der kargen Eiweißkost hätten wir durchgehalten; nachdem das Volk gelernt, daß es auch so ginge, werde es nach dem Kriege in Scharen dem Lager der Vegetarier zuströmen. Ich glaube und hoffe, es wird anders kommen, und das natürliche instinktive Bedürfnis nach reicher Eiweißkost wird als gesunde Reaktion sich in breitesten Volksschichten wieder geltend machen." Es scheint, daß ich recht behielt. Nach einigen Schwankungen und nach einigen Hemmungen, die auch dem Aufkommen der Gerson-Diät folgte, verstärkt sich in Deutschland von Jahr zu Jahr mehr das Verlangen nach eiweißreicherer Kost. Auf den Kopf der Bevölkerung berechnet, war der Fleischverzehr zeitweilig höher als im Durchschnitt der letzten 5 Jahre vor dem Kriege. Wie bekannt, hielt diese Entwicklung in Deutschland wie anderorts mit Niedergang des Brotverzehrs gleichen Schritt, ohne daß aber aus dem zeitlichen Zusammenhang ein ursächlicher gefolgert werden dürfte. Über die Ursachen dieser Verschiebung der Volksgewohnheiten ist gerade in Deutschland und Österreich in Verbindung mit der Roggenfrage, auf die ich noch eingehen werde, viel gesprochen und geschrieben worden. Neues kann ich dem nicht hinzufügen; nur darf ich es nicht unterlassen Zweifel auszusprechen, ob man mit den jetzt beschuldigten Gründen, nämlich mit der Verdrängung der Schwerarbeit durch Fabrikarbeit und mit Vergeistigung der Arbeitsaufgaben des Arbeiters wirklich den Kernpunkt getroffen hat. Zum Teil freilich ist damit die Ursache gekennzeichnet.

Ich selbst halte unbedingt fest an dem von mir stets vertretenen Standpunkt, daß starker Eiweißverzehr der Volksgesundheit zugute kommen wird, und ich meine, man ist durchaus auf dem richtigen Wege, wenn man neuerdings mit stärkerem Nachdruck als früher anstrebt, der Volkskost die Eiweißträger unserer Nahrungsmittel in reichlicher Menge und zu billigen Preisen greifbar zu machen. Dies ist, theoretisch gesprochen, durchaus nicht an den Verzehr von Fleisch und Fischen gebunden. Denn auch eine fleisch- und fischlose Kost kann vollauf genügend Protein enthalten, sogar proteinreich gestaltet werden. Praktisch genommen wird dies freilich bei fleisch- und fischarmer Kost meist nicht erreicht; mit annähernder Sicherheit nur da, wo Milch und Käse Hauptstücke der Kost bilden. Ohne dies bleibt trotz etwaigem reichlichem Einstellen von Eiern und Eierspeisen die Kost verhältnismäßig eiweißarm. Es besteht aber, wenn wir die Gesamterfahrungen über Volksernährung ins Auge fassen, im Widerspruch gegen das kurzsichtige tendenziöse Wettern grundsätzlicher Fleischgegner, kein vernünftiger Grund, einen ansehnlichen Teil des Eiweißbedarfs nicht durch Fleisch (bzw. Fische) zu decken. Insbesondere muß man endlich damit aufhören, das Gichtgespenst gegen Fleischverzehr ins Feld zu führen. Von verhältnismäßig kleinen Gebieten abgesehen (England) ist harnsaure Gicht eine recht seltene Krankheit. Daß die meisten schmerzhaften Leiden, die der Volksmund und leider oft auch diagnostische Bequemlichkeit von Ärzten mit Gicht bezeichnen, in Wirklichkeit rheumatische, neuralgische Krankheiten und endokrin bedingte Knochen- bzw. Gelenkdegenerationen sind und von harnsaurer Gicht weit abstehen, braucht hier nur angedeutet zu werden. Bei weitaus den meisten wahren Gichtkranken, mit denen ich es zu tun hatte, ergab genaue Aufnahme ihrer Ernährungsgeschichte durchaus keinen übertriebenen Fleischgenuß, sehr oft einen solchen, der sich unter dem durchschnittlich üblichen hielt. Von Bildung harnsaurer Konkremente im Nierenbecken werden schwache Fleischesser nicht minder häufig betroffen wie Verzehrer reichlicher Fleischmengen. Dies wird nicht entkräftet durch die leichtverständliche Tatsache, daß bei bestehender Anlage zu Gicht und zu harnsauren Nierenkonkrementen Überschwemmung mit Harnsäurebildnern vermieden und die Gesamternährung am besten fleischlos gestaltet werden muß. Dies ist vernünftig, obwohl wir damit nur die Gelegenheit zur Harnsäurestauung abschwächen, die konstitutionellen Wurzeln des Übels aber nicht abtöten. Die letzten Gründe für wahre Gicht und für Bildung harnsaurer Konkremente sind noch gänzlich unbekannt. Wäre Fleischgenuß wahre Ursache, so müßte eine deutliche quantitative Beziehung zwischen Fleischverzehr und Häufigkeit der Gicht usw. erkennbar sein. Bei Bezugnahme auf die Einzelfälle versagt, wie schon bemerkt, diese Betrachtsweise. Eine scheinbare Rechtfertigung findet sie im Hinblick auf die Verhältnisse in England, das mit etwa 59 kg je Kopf und Jahr den höchsten Fleischverzehr in Europa erreicht. Andererseits bieten weder die Vereinigten Staaten Nordamerikas mit etwa 64 kg und erst recht nicht Argentinien mit etwa 155 kg je Kopf und Jahr eine besondere Häufung von Gichtfällen dar. Gicht sah man — früher häufiger als in den letzten zwei bis drei Jahrzehnten — auch bei Leuten, die höchstens an Sonn- und Feiertagen zum Fleischgenuß kamen. Es war freilich selten; leichtverständlich, weil die Gelegenheit zur Harnsäurestauung stark abgeschwächt war. Wo es aber trotzdem zu Gicht kommt, sind es besonders schwere Fälle, offenbar weil die starke konstitutionelle Veranlagung zu Gicht die Lage beherrscht. Vgl. zu Gicht S. 72, 101.

In manchen Kreisen Deutschlands, die früher sehr viel Fleisch aßen, ging der Fleischverzehr unzweifelhaft seit etwa Kriegsbeginn stark zurück. Sowohl am Familientische wie im gesellschaftlichen Leben und in Gasthäusern macht sich dies sehr deutlich bemerkbar. Dagegen stieg der Fleischverbrauch in der allgemeinen Volkskost — im engeren Sinne des Wortes — sowohl in Städten wie auf dem Lande. Nach neuerer Statistik stehen wir in Deutschland mit etwa 51 kg je Kopf und Jahr an mittlerer Stelle, gegenüber England mit 59 kg, Frankreich mit 53 kg, Belgien mit 32 kg, Spanien mit 29,5 kg. Auf den Tag berechnet ergaben sich für Kopf der Bevölkerung folgende Annäherungszahlen. Vereinigte Staaten 149 g, England 130 g, Deutschland und Frankreich 92 g, Belgien und Holland 86 g, Italien 29 g, Japan und China 15 g. Trotz der geringen Fleischmenge beläuft sich der durchschnittliche tägliche Eiweißverzehr eines Mannes von 60 kg Gewicht in China auf etwa 86 g.

In Deutschlands und namentlich in Österreichs Volkskost ist vom Standpunkt der Hygiene und Ernährungslehre weiterer Anstieg des Fleischverzehrs durchaus zulässig und erstrebenswert, falls es volkswirtschaftliche Umstände ermöglichen. Volkswirtschaftliche Belange naher Zukunft scheinen dafür zu sprechen, sowohl in Deutschland wie in Österreich den Proteinverzehr im allgemeinen, den Fleischverzehr eingeschlossen, zu heben. Denn man steht wahrscheinlich vor der dringenden Notwendigkeit, die Eigenproduktion von Milch, Käse,

Fleisch in beiden Ländern auf Kosten der Getreideproduktion beträchtlich zu fördern, weil in bezug auf letztere dem Wettbewerb der gewaltigen Getreideländer in Europa und Übersee nicht mehr entgegengetreten werden kann (S. 52).

Wenn ich Anstieg des Fleischverzehrs in der Volkskost befürworte, liegt es mir durchaus fern, fleischlose Kost grundsätzlich als unzureichend zu verurteilen. Das würde bekannten Tatsachen widersprechen. Denn diese Kost ist seit alten Zeiten ungemein weit verbreitet, hauptsächlich in tropischen Ländern, und man ist sich längst darüber einig, daß bei vernünftiger Mischung der Gesamtkost vom Standpunkt der Ernährungslehre gegen den Verzicht auf Fleisch und Fisch keinerlei Bedenken vorliegen, vorausgesetzt daß durch Heranziehen anderer zweckmäßiger Eiweißträger der durchschnittliche Gehalt der Kost an verdaulichem Eiweiß auf mindestens mittlerer Höhe bleibt (S. 42). Von diesem Gesichtspunkte aus liegen aber die Dinge in den einzelnen Ländern höchst verschieden, ebenso wie auch die beherrschenden klimatischen Verhältnisse, welche unzweifelhaft auf die Bekömmlichkeit der verschiedenen Nährstoffe und Kostformen starken Einfluß haben. Im allgemeinen wird jedes Land darauf bedacht sein müssen, die Eiweißträger seiner Kost, ebenso wie andere Nahrungsmittel möglichst vollständig aus der eigenen Machtsphäre zu schöpfen. Gerade dies macht den neuerdings verstärkten Kampf gegen Fleisch für Deutschland und Österreich verhängnisvoll.

Ob Fleisch oder kein Fleisch, damit kann die Einzelpersönlichkeit, soweit nicht krankhafte Zustände den Ausschlag geben, es halten wie sie will. Einspruch muß aber dagegen erhoben werden, daß — wie es neuerdings vorkommt — Kinder beim Schul- und Religionsunterricht vom sektiererischen Standpunkte des Lehrers aus auf angeblich ethische, religiöse oder hygienische Vorzüge des Nichtfleischverzehrs hingewiesen und gedrillt werden. Das geht weit über die Befugnisse des Unterrichts hinaus. Es kann schwere seelische und soziale Nachteile bringen. Seelisch, indem man dadurch Kinder in Konflikt mit Angehörigen der engeren Familie bringt, die Fleisch essen, und weil sie gar zu leicht dahin gelangen, als Nichtfleischesser im Vergleich mit ihrer Umwelt (Familienangehörige, Altersgenossen) sich für bessere und ethisch höher stehende Wesen zu halten; sozial, weil sie für Gegenwart und namentlich spätere Zukunft ihrer Umwelt gegenüber in eine Ausnahmestellung gedrängt werden. Man weiß nicht, in welcher Umgebung die Kinder später zu leben haben. Sie werden von vornherein zu Eigenbrötlern gestempelt. Im Verkehr werden sie später bestimmten gesinnungsgleichen Kreisen sich zuwenden, andersgesinnten gegenüber zumindest befangen sein. Jede eigenbrötlerische Sondereinstellung macht den Menschen sozial minderwertig.

2. Zur Roggenfrage und über andere Brotfragen.

a) Über Verdrängung des Roggen durch Weizenbrot und deren Auswirkung. Preiswerte Versorgung mit Protein steht in gewissem Zusammenhang mit der sog. Roggenfrage, und dieser Zusammenhang wird sich wahrscheinlich in Zukunft noch weit stärker als bisher auswirken.

Mit dem Ziele, einen größeren Teil des Roggenproteins der menschlichen Ernährung zu sichern, war ich selbst insofern an der Frage beteiligt, als ich schon in früher Kriegszeit nachwies, daß es Mahlverfahren gebe, die eine ungleich höhere Resorption des Roggenproteins gestatten, als früher je geahnt und erreicht sei (Zerschleuderung des Roggenkorns an geschlitzten Prallflächen; Verfahren von Dr. Klopfer in Dresden-Leubnitz; vgl. hierzu S. 54ff). Obwohl dies damals bei den zuständigen Stellen der Heeresleitung sehr starkes Interesse erregte, konnte die theoretisch und technisch bedeutsame Feststellung nicht praktisch ausgenützt werden, weil es damals unmöglich war, die erforderlichen Maschinen herzustellen. Jene Arbeiten verfehlten damit ihren unmittelbaren Zweck; aber ich möchte doch nicht unterlassen, auf dieselben zurückzuverweisen, da die Ergebnisse der sehr sorgfältig durchgeführten Arbeiten sowohl in bezug auf ernährungstheoretische Fragen wie in bezug auf Fragen der Nahrungsmitteltechnik Beachtung verdienen. Darauf näher einzugehen, ist jetzt nicht zeitgemäß. Literatur dazu im „Handbuch (67) der allgemeinen Diätetik" S. 410 (vgl. S. 70).

Roggen ist ernährungsgeschichtlich viel später, vielleicht Jahrtausende später als Weizen verbreitetes Nahrungsmittel der Menschheit geworden. In Zeiten und Gebieten mit ungünstigerem Klima eroberte er sich erst allmählich den Vorrang vor Weizen, weil er anspruchsloser als Weizen ist. Roggen ist dem Weizen gegenüber minderwertig in bezug auf seinen Eiweißgehalt und in bezug auf Zugänglichkeit seines Proteins für die resorbierenden Kräfte des Darms. Dies letztere, dem sich vielleicht technisch vorbeugen ließe (s. oben), ist Jahrzehnte hindurch immer aufs Neue erhärtet und betont worden, und diese starke Betonung hätte geradezu den deutschen Roggen dem deutschen Verzehrer verleiden können, wenn sich Geschmacksrichtung und altererbte Gewohnheit von jenen Anwürfen hätten beeinflussen lassen, was glücklicherweise nicht im geringsten der Fall war. Volkswirtschaftlich fiel jene prozentig geringe Minderwertigkeit nicht wesentlich ins Gewicht; um so weniger als sie durch andere Vorteile des Roggenanbaues ausgeglichen wurde. Vom ärztlichen Standpunkt aus war zu sagen, daß Roggenbrot in allen üblichen Formen und Mengen für den Gesunden, und zwar schon in den Jahren der Kindheit, außerordentlich bekömmlich sei und insbesondere auch die motorische Darmtätigkeit günstig beeinflusse, daß aber bei gewissen Unstimmigkeiten des Magens und des Darmes Weizengebäck den Vorzug verdiene, weil es geringere Ansprüche an die Leistungskraft der Verdauungsorgane stellt. So behielt denn bis vor etwa 20 Jahren das billige, bequeme, schmackhafte und gut haltbare Roggenbrot unbedingtes Übergewicht, obwohl schon damals der Weizen den Roggen bedrohte.

Inzwischen wuchs sich diese Gefahr ins Ungeheure aus. Die Anwürfe gegen den Roggen in bezug auf Proteingehalt und Resorbierbarkeit haben nichts damit zu tun. Sie erscheinen zwerghaften Ranges im Vergleich mit der Wucht der Tatsachen.

Höheren Maßes als man gemeinhin glaubt, trug zu dem Umschwung bei, daß die Großfabrikation die Schmackhaftigkeit und damit die Anziehungskraft des Roggenbrotes bzw. des sog. Mischbrotes merklich beeinträchtigte (S. 52). Aber zwei große Kräfte wurden wichtigste Träger der Gefahr:

1. Die Überschwemmung Deutschlands und Österreichs mit billigem und ausgezeichnetem ausländischem Weizen, vor dem auch Zölle uns heute und in Zukunft nicht mehr schützen können. Gerade jüngst hat Nord- und Südamerika den europäischen Getreidemarkt mit Überflutung durch überschüssigen Weizen aus der 1930er Ernte zu halben Preisen bedroht.

2. Jene Macht, die stärker werbende Kraft ist als die Reklame der gesamten Presse, nämlich die Mode. Darunter verstehe ich die seit 3—4 Generationen erst langsam dann immer schneller sich vollziehende, unwiderstehliche Umwälzung von Geschmacksrichtung und Gewohnheit, die die heutige Generation im Verdrängen des Roggens durch Weizen erlebt, und wie sie frühere Jahrhunderte in bezug auf andere Nahrungsmittel mit sich brachten; zuletzt vor etwa 180—150 Jahren war es der Einzug der Kartoffel in die Volkskost der Mittel- und Nordeuropäer. Man könnte wohl sagen, das Vordringen des Weizenbrotes sei ein Merkmal eines in den Speisegewohnheiten aller Kulturvölker sich geltend machenden Feminismus bzw. Verweichlichung. Dazu kommt erschwerend die überall bemerkbare Abnahme des Brotverbrauches.

Folgende bemerkenswerte statistische Zahlen fanden sich kürzlich in zahlreichen wirtschaftlichen Berichten: Der jährliche Brotverzehr, berechnet auf den Kopf der Bevölkerung, sank seit der Vorkriegszeit bis jetzt in Deutschland von 105 auf 90 kg, in Frankreich von 248 auf 189 kg, in England von 187 auf 125 kg, in den Vereinigten Staaten Amerikas von 154 auf 125 kg. In Österreich sank der Jahresverbrauch pro Haushalt 353 auf 288,5 kg (1926—1929; Erhebungen der Arbeiterkammer). Gestiegen ist der Brotverzehr in Italien von 185 auf 193 kg (gesetzliche Maßnahmen gegen Überwuchern der Teigwaren).

Es ist vollberechtigt, und es ist dringende vaterländische Pflicht — und dazu sind auch wir Ärzte berufen —, einstweilen mit allen Kräften den Verzehr von Roggenbrot zu fördern, und wenn Mittelchen, wie Proteinanreicherung mit Soyabohnenmehl — was sowohl in Berlin wie in Wien zu einem sehr schmackhaften Gebäck führte — sich dabei von werbender Kraft erweisen, sind auch sie willkommen (S. 42). Auch andere Eiweißmehle kommen in Betracht. Ich verweise auf die Erfahrungen bei Diabetikergebäcken, für welche zumeist Aleuronat- oder Klebermehl herangezogen wird. Es ergab sich, daß Beimischung von etwa 10—15% solchen Pflanzen-Eiweißpulvers zu Roggen- oder Weizenmehl die Schmackhaftigkeit der Gebäcke nicht beeinträchtigt, höhere Beigabe ihnen aber einen Fremdgeschmack verleiht, der unbedingt vermieden werden muß bei Gebäcken, die der allgemeinen Volksernährung dienen sollen. Vor einigen Monaten erhielt ich auch Gebäcke, deren Mehl mit den gereinigten eiweißreichen Preßrückständen des Baumwollsamens vermischt war. Die sehr eiweißreiche Masse soll reich an Vitaminen sein. Die Schmackhaftigkeit war durchaus befriedigend.

Vielleicht wäre nicht höherer Zoll auf Weizen — das ist handelspolitisch kaum möglich — aber das Belegen des Weizengebäckes mit Luxussteuer eine durchführbare und vorläufig nützliche Maßnahme zur Hebung des Roggenbrotverzehrs. Die Belieferung Kranker könnte, wie in der Kriegszeit, davon befreit sein.

Auf diese und andere zeitweilig die Entwicklung der Roggenverdrängung aufhaltenden Schutzmaßnahmen gehe ich nicht ein. Viel wichtiger ist es, der Zukunft zu gedenken und sich völlig klar darüber zu sein:

1. Daß die Verdrängung des Roggenbrotes durch Weizenbrot, vielleicht mit wechselnder Geschwindigkeit, aber unaufhaltsam fortschreitet.

2. Daß bei uns Klima und Boden nicht geeignet sind, den Getreidebau in mehr als bescheidenem Umfang von Roggen auf Weizen umzustellen.

Man erstrebt dies u. a. und mit Recht an durch Neuzüchtung von Weizenarten, die unserem Klima usw. besser angepaßt sind. Selbst wenn dies zu voller Zufriedenheit gelingt, würde die Umstellung eine große Gefahr bedeuten. In bezug auf Roggen sind wir von außen her nicht gefährdet, da andere Länder nicht so viel Roggen erzeugen, daß sie den Markt Deutschlands und Österreichs damit überschwemmen könnten. In bezug auf Weizen sind wir aber durchaus abhängig von Ernte und Preis des Weizens in zahlreichen, teilweise riesengroßen Territorien des Auslandes und von den Transportverhältnissen. Ein einziger Streich der Weizenbörsen könnte jederzeit unsere Weizenernte eines ganzen Jahres unverkäuflich machen, was wir in gewissem Ausmaße jüngst schon erlebten. Österreich wird weniger davon betroffen, da es nicht mehr Roggen erzeugt, als der Markt aufnehmen kann.

3. Daß das Aufrechterhalten des Roggenanbaues in bisherigem Umfange ein Wahnsinn wäre. Auf welchen Bruchteil man wird zurückweichen müssen, kann heute noch niemand übersehen. Das Ausland nimmt uns nur in bescheidenstem Maße Roggen ab. Gewiß wird die Bevölkerung in Deutschland und Österreich niemals das Roggenbrot ganz beiseite schieben. Glücklicherweise nicht. Es wäre einerseits Geschmacksverirrung, andererseits auch Verrat an demjenigen Getreide

und an dem Brot, das viele Jahrhunderte hindurch eine Stütze deutscher Volkskraft und deutscher Volksgesundheit war. Da der einzelne Landwirt nie wird übersehen können, wie groß der Bedarf an Roggen sein wird, müßten zwischen einer Zentralstelle und den einzelnen landwirtschaftlichen Verbänden bindende Abmachungen über Größe der jährlich benötigten und zulässigen Anbaufläche für Roggen getroffen werden.

Wie sehr solche Kontingentierungen im Geiste der Zeit sind, beweisen die breiten internationalen Verhandlungen über angemessene Verteilung der Weizenproduktion, die den wahnwitzigen Zustand beseitigen sollen, daß in den beherrschenden Ländern der Weizenproduktion vor jeder neuen Ernte gewaltige Mengen Weizen verbrannt werden müssen, um Raum für das neue Erntegut zu schaffen.

4. Daß, wie schon von mancher Seite auf das nachdrücklichste betont wurde, vielleicht schon in naher Zukunft weite Anbauflächen Deutschlands und wohl auch Österreichs anderen landwirtschaftlichen Aufgaben überwiesen werden müssen (S. 48).

Dies können nur sein:

a) Ausdehnung und Veredelung der Gemüse- und Obstkulturen, und zwar der Gemüsekulturen nach niederländischem Muster.

b) Planmäßiger starker Ausbau der Viehhaltung, deren Erträgnis schon jetzt in Deutschland mit 11—12 Milliarden Reichsmark den jährlichen Ertrag der Brotfruchternte um mehr als das Doppelte übersteigt.

Es steht außer Frage, daß sich mittels dieser beiden Maßnahmen Deutschland und Österreich in bezug auf Fleisch, Milch, Butter, Käse, Eier, Gemüse vollkommen, wahrscheinlich hohen Maßes auch in bezug auf Obst unabhängig von ausländischer Einfuhr machen können. Voraussetzung dafür wäre freilich weitgehende Entlastung des Weizens und des Kraftfutters von Zöllen.

b) Geschmackliche Einflüsse auf die Entwicklung der Roggenfrage. Ich möchte hier noch auf einen bereits S. 50 angedeuteten Punkt zurückkommen, der wohl nicht durchschlagend, aber nach meinen Jahrzehnte hindurch gewohnheitsmäßig gepflogenen Besprechungen mit Patienten und in Freundeskreisen doch oftmals Bedeutsames zur Entfremdung vom Roggenbrot beitrug. Zwangsläufig und zweifellos im Sinne berechtigter und nicht mehr rückläufig zu machenden Rationalisierung ist in allen Großstädten und auch weit darüber hinaus Roggenbrot bzw. Mischbrot Gegenstand der Großfabrikation geworden. Das vielfach vorherrschende Mischbrot, das z. B. in Wien an Roggen großenteils nur 40% enthält, betrachte ich auch als Anpassung an feministische Geschmacksrichtung (S. 50). Durch die Großfabrikation ist es zu einer gewissen Egalisierung der geschmacklichen Eigenschaften des Roggenbrotes gekommen, der nur die Sondergebäcke vereinzelter Großbetriebe entgangen sind. Das ist auf die Dauer eintönig und langweilig und wirkt sich als psychologische Hemmung aus. Weizenbrot und Weizenbrötchen aller Art eignen sich glücklicherweise noch nicht zum Großbetrieb; sie sind fast durchgängig noch Tagesgebäck geblieben, dem jeder Einzelbäcker eine besondere Geschmacksnote zu geben versteht, und dadurch ermöglicht das frische Weizengebäck dem Verzehrer große Breite geschmacklicher Abwechslung. An dieser fehlte es vor Auslieferung der überragenden Menge des Roggenbrotes an die Großindustrie auch beim Roggenbrote nicht, da bis in kleinere Städte und größere Dörfer hinab der Einzelbäcker mindestens eine Art, meist verschiedene Arten von Roggenbrot herstellte, so daß man dem persönlichen Geschmack entsprechend bald hier bald dort sich mit Roggengebäck versorgen und sich erfreuliche Abwechslung verschaffen konnte. Die jüngere Generation weiß kaum noch, wie trefflich das vom Einzelbäcker hergestellte Roggenbrot mundete. Welcher Unterschied auch jetzt noch zwischen dem aus Großbetrieb stammenden und dem im Eigenheim des Gebirgsbauers gebackenen Brote zugunsten des letzteren (S. 55)!

Bei dieser Gelegenheit darf ich einschalten, daß auch die Weizenbrötchen nicht etwa wegen schlechterer Beschaffenheit des Weizens, sondern seit und durch Verbot des nächtlichen Backens (in den Frühmorgenstunden) an Qualität merklich gelitten haben. Die Bereitung des Weizenbrötchens ist ein Vorgang, der von Anfang bis zum Ende sorgfältigst überwacht werden muß, um die höchste Stufe der Vollkommenheit zu gewährleisten. Sehr bezeichnend ist, daß jetzt das Morgengebäck, dessen Herstellung möglichst beschleunigt und zusammengedrängt wird, an Schmackhaftigkeit und sonstigen guten Eigenschaften von dem Nachmittagsgebäck gleicher Herkunft vielfach weit übertroffen wird, was früher nicht der Fall war.

Gleichgültig ob uns die zukünftige Entwicklung der Mode, der Landwirtschaft und des Welthandels mehr zum Roggenbrot oder zum Weizenbrot hindrängen wird — das letztere ist das wahrscheinlichere (S. 50) — schon das bisherige Absinken des Brotverzehrs ist höchst bedauerlich, und ein weiteres Sinken würde bei uns unbedingt einer Verschlechterung der Volkskost als ganzem gleichkommen. Brot ist leider nicht mehr wie früher ein ganz billiger Stärkemehlträger. Mancherorts, z. B. in Wien, belastet die Versorgung mit Brot den Haushalt kinderreicher Familien sehr erheblich, so daß aus wirtschaftlichen Gründen die wünschenswerte Höhe nicht erreicht werden kann. Der Schrei nach billigerem Brot ist in Wien, ebenso wie manchen anderen Ortes sehr vernehmbar. Man muß tief schürfen, um die Ursachen der keineswegs mit geschmacklicher und verlockender Aufbesserung verbundenen relativen Verteuerung des Brotes zu ergründen und Wege zu finden, um die Greifbarkeit des Brotes wieder in Einklang zu bringen mit der jetzigen wirtschaftlichen Lage breiter Schichten. Auf Nährwerte berechnet ist der nächstwichtige Mehlstoffträger, die Kartoffel, viel billiger. Aber dem Überfluten der Volkskost mit Kartoffeln wird man auf Grund alter Erfahrungen kaum das Wort reden dürfen; nur die Basen-Überschuß-Propheten tun dies (S. 36). Soweit ich überschaue, macht sich seit einiger Zeit übrigens ein gewisser Widerstand gegen die altgewohnte starke Betonung der Kartoffeln in der Küche Deutschlands und Österreichs geltend. Die Ursache scheint mir zu sein, daß die weitestverbreiteten und für den Anbau lohnendsten und damit auch billigsten Kartoffelarten nicht mehr gleichen verlockenden Wohlgeschmackes sind, wie es früher der Fall war. Hierin Wandel zu schaffen, ist eine wichtige landwirtschaftliche Aufgabe. Denn es wäre sehr beklagenswert, wenn der durchschnittliche Kartoffelverzehr — berechnet auf den Kopf der Bevölkerung — absänke.

Auf Neuanstieg des Brotverzehrs sollten wir Ärzte durchaus dringen, wo irgend möglich es tunlich ist. Wir erweisen damit den wirtschaftlich Schwachen auch einen Dienst; denn sinkender Brotverzehr verteuert, steigender Brotverzehr verbilligt das Brot. Vor allem kommen für den Arzt aber gesundheitliche Gründe in Betracht. Mindestens vom Beginne des Mittelalters an waren Wachsen und Gedeihen der Völker Mitteleuropas mit starkem Brotverzehr eng verknüpft, und auf Grund dieser überwältigenden Tatsache liegt uns Ärzten die Pflicht nahe, diese Verknüpfung auch weiter zu hegen und zu pflegen. Unter allen die Volkskost bei uns beherrschenden Mehlstoffträgern, soweit sie nicht künstlich mit Proteinen angereichert werden, ist Brot der eiweißreichste, so daß ein zwar landschaftlich und schichtenweise verschiedener, alles in allem aber ansehnlicher Teil des gesamten Eiweißverzehrs damit gedeckt wird. Wie bekannt (70), ist die Weizenfrucht daran reicher als die Roggenfrucht, und von ihrem Proteingehalte ist beim Weizen ein höherer Prozentgehalt verdaulich und assimilierbar als beim Roggen. Dieser letzterwähnte Unterschied ist um so größer, je höher der Ausmahlungsgrad, d. h. je mehr von den Außenschichten (Kleie) dem Backmehl beigemischt ist. Dies macht bei den meistüblichen Mahlverfahren das Beibehalten der wesentlichen Kleienbestandteile (94 bis 96%ige Ausmahlung des Gesamtkorns) für die allgemeine Volksernährung hohen Maßes unwirtschaftlich, so daß für den Verbraucher in bezug auf Verhältnis von Geldwert zu Nährwert des Roggenbrotes, ebenso wie für Land- und Volkswirtschaft im allgemeinen weit niedrigere Ausmahlung des Roggenkornes (60—70%) und die Verwendung der Restbestände zu Tierfutter vorteilhafter sind.

Ich hebe dies hier ausdrücklich hervor, weil in dem „Handbuch (67) der allgemeinen Diätetik“ (1920) von uns Verfassern ein anderer Standpunkt vertreten wurde, der der Kriegszeit entsprach, zu welcher die entsprechenden Abschnitte des Buches geschrieben und gedruckt wurden. Die Lage hat sich aber inzwischen durch das stärkere Vordringen des Weizenbrotes und durch bequeme Greifbarkeit anderer Eiweißträger geändert.

Man darf freilich nicht übersehen, daß mit Ausschalten der gröberen äußeren Schichten des Roggenkornes manches von Vitaminen und von Mineralstoffen entfernt wird, was aber nur von Belang wäre, wenn das übliche Roggenbrot erwähnter Art den weitaus überwiegenden vegetabilen Bestandteil der Kost darstellte. Dies ist tatsächlich nirgends mehr der Fall. Wo Roggenbrot in solchem Maße noch vorherrscht, z. B. in manchen subalpinen Gebieten Deutschlands und Österreichs, wird so gut wie ausschließlich noch wahres Vollkornbrot benutzt (S. 53).

c) Brot und Darmtätigkeit. Wenn auf Vollkornroggenbrot Gewicht gelegt wird, stehen abseits von Brot aus Roggenmehl entsprechender Ausmahlung Sonderarten zur Verfügung. Vom gesundheitlichen Standpunkte aus sind sie beachtlich, weil sie höheren Maßes als sonstiges Roggenbrot die motorische Darmtätigkeit anregen, den Kotlauf fördern und erzieherischen Einfluß auf den Darm ausüben. Allerhöchsten Maßes eignet dies dem uralt eingebürgerten westfälischen Pumpernickel, und zwar, wie ich aus dem Auswirken ärztlicher Verordnung seit mehr als 30 Jahren immer wieder feststellte, weit höheren Maßes als die ihm ähnlichen Hamburger Pumpernickelkonserven und als Simonsbrot. Auch geschmacklich steht er ihnen voran. Wo überhaupt eine derartige Belastung mit Roggengrobbrot zur Förderung der Dickdarmtätigkeit zulässig ist, empfehle ich mit Vorliebe die Brotkost — sei es Roggen-, sei es Weizengebäck — je nach Bedarf mit 1—3 Scheiben westfälischen Pumpernickels anzureichern (vgl. S. 56, 91).

Es scheint, daß das nach schwedischem Vorbilde jetzt auch in Deutschland aus Vollroggen (100%ige Ausmahlung) erzeugte Knäckebrot in Fladenform berufen ist, den völkischen Roggenverbrauch merkbar zu heben. Im Gegensatze zum gewöhnlichen Roggenbrote und zu der Halbdauerware Pumpernickel sind diese Fladen wahre Dauerware. Sie sind infolgedessen breiter Verwendung fähig und finden bereits willige Aufnahme. Der eigenartige würzige Roggengeschmack kommt stark zur Geltung. Ihre anregende Wirkung auf die Darmtätigkeit entspricht der des westfälischen Pumpernickels.

Natürlich ist weder Roggenvollkornbrot noch Pumpernickel u. dgl. noch — häufig genug — Roggenbrot überhaupt in allen Fällen geeignet, wo man die Darmtätigkeit mittels Brot anregen will. Diese Gebäcke sind nicht geeignet, wenn gleichzeitig auf Reizzustände des Magens, der Leber, der Gallenblase, des Duodenum, des Dünndarmes und des proximalen Dickdarmes Rücksicht genommen werden muß. Dagegen ist bei einem sehr ansehnlichen Teil solcher Fälle Weizenvollkorngebäck durchaus verwendbar, gutes Kauen vorausgesetzt. Ich scheue es weder bei superaciden Reizkatarrhen des Magens noch bei Ulcuskrankheit, sobald überhaupt wieder feste Nahrung gereicht werden darf. Wie ich schon öfters a. O. darlegte, zuletzt vor etwa Jahresfrist (62), kommt es bei kotlaufördernder Belastungskost durchaus nicht auf grobstückige Beschaffenheit des genossenen Materials an („Grobkost"), sondern auf die chemisch-physikalische Eigenschaft des Materials, durch reichen Gehalt an Hemicellulosen, Pentosanen, Pektinen, u. a. auch stark quellungsfähiger zarter Cellulose bis in tiefe Abschnitte des Dickdarmes Wasser zu binden und den Kot vor Verhärtung zu schützen. Entsprechendes Material findet sich reichlich in Kleienschichten des Weizenkorns. Wenn man zu solchen Zwecken Kleie in Substanz als Belastungsmaterial für den Dickdarm darreichen will, wie ich es selbst vor langen Jahren vorschlug, und wie es jetzt anscheinend in den Vereinigten Staaten zu großer Mode geworden ist, möchte ich dringend raten, sich an Weizenkleie zu halten und Roggenkleie zu vermeiden. Gleiche Gewichtsmengen Roggenkleie (z. B. Tagesmengen von 25—30 g) vermehren zwar den Trockenrückstand des Kotes stärker als Weizenkleie, führen aber oft — wenn auch nicht immer — zu auffallender Trockenheit und Härte der Kotballen, während Weizenkleie die Geschmeidigkeit des Kotes unbedingt begünstigt.

Die Verwendung von Kleie zu solchen Zwecken ging vor Jahrzehnten von Deutschland aus. Wir bedürfen keineswegs der Kleienpräparate, mit denen uns jetzt das Ausland bedenkt.

Wenn, wie anzunehmen, das Weizenbrot sich in der Volkskost immer weiter vordrängt, sollten wir Ärzte mit allem Nachdruck darauf dringen, daß dies nicht in Form von Feingebäck geschieht (Weißbrötchen, Weißbrot zum Rösten usw.), sondern weitestgehenden Maßes in Form von ziemlich grobem Weizenvollkorngebäck (Frischware und wasserarme Dauerware). Sowohl geschmacklich wie als Anreger der Darmtätigkeit und wie als Träger von Vitaminen und Nährsalzen des Getreides stehen sie Weizenfeingebäck weit voran. Unter dem Namen Weizenschrotbrot oder Grahambrot sind sie jetzt wohl in allen Städten erhältlich. Nach eigenen Feststellungen ist aber vielerorts ihre Qualität durchaus nicht befriedigend, so daß sie weit davon entfernt bleiben, zu reichlichem Verzehr zu verlocken. Wirklich mustergültige Ware habe ich nur in Wien angetroffen.

d) Hefe und Backpulver. Eine andere, mehr küchentechnische Verdrängung betrifft die Verwendung von Hefe durch Backpulver als Treibmittel für Teige, wenn auch glücklicherweise bisher nur ausnahmsweise für Brotteige. Das auf J. v. Liebig's Anregung vor etwa 75 Jahren eingeführte Backpulver ermöglichte ungeheure Abwechslung und Erweiterungen im Herstellen von Gebäcken. Große Industrien fußen darauf. Aus den anfänglich komplizierten und unzweckmäßigen Vorschriften entstanden immer trefflichere Gemische, die bis in die neueste

Zeit fortlaufend verbessert wurden. Breiten Maßes eroberte das Backpulver sich auch die häusliche und die Gasthausküche, einerseits dadurch daß es die Herstellung vieler Gebäcke gestattete, für welche Hefe und Sauerteig sich nicht eigneten, andererseits dadurch daß es bei genauem Befolgen sorgsam durchgearbeiteter und erprobter Vorschriften (vgl. allgemeine Kochbücher und Einzeldarstellungen) automatisch und treffsicher lockere Teige liefert. Je weniger Zeit und Kleinarbeit die Küche zur Verfügung stellen konnte, desto mehr mußte das Backpulver die Hefegerichte verdrängen, und es ist wohl kein Zufall, daß sich dieser Verdrängungsprozeß am frühesten und stärksten in der englischen und amerikanischen Küche vollzog, wo es am frühesten schwierig wurde, Zahl und Arbeitszeit der Hausangestellten auf alter Höhe zu halten. Dieser Entwicklungsgang und auch das Übergreifen auf Gerichte, für die früher Hefe allein als zuständig galt, entsprechen der allerorts überhand nehmenden Richtung, die alte Küchen**kunst** zur Küchen**technik** herabzudrücken. Hefegerichte, das Glanzstück der Wiener Küche, bedürfen scharfer Aufsicht und persönlicher Kochkunst und tragen daher auch in jedem Haushalt und in jedem Gasthaus eine eigenartige persönliche Note. Diese arteigne lobenswerte Eigenschaft der Hefegebäcke und -gerichte wird aber den Siegeszug des Backpulvers nicht aufhalten.

Unverständlich ist mir immer gewesen, warum in Wien (übrigens auch im übrigen Österreich und in den Nachfolgestaaten der Österreich-Ungarischen Monarchie), wo die Küchenkunst einst ihren Höhepunkt erreichte in Herstellung trefflicher Mehlspeisen verschiedenster Art mittels Hefe (lange bevor es Backpulver gab), die Hefegerichte (wienerisch: Germspeisen) grundsätzlich in den Ruf der **Schwerbekömmlichkeit** gelangten. Dieser Verruf hat sich seit der ersten Periode meiner Wiener Tätigkeit (1906—1913) beträchtlich verstärkt und tritt mir jetzt seitens Patienten und Ärzten erstaunlicherweise auch bei zahlreichen Krankheitszuständen entgegen, wo die zur Verdauung solcher Speisen vorgesehenen Organe nicht im mindesten geschädigt sind. Sogar von Gesunden höre ich solche Aussprüche, wenigstens in bezug auf die sog. „gekochten Germspeisen“. In Wahrheit ist nicht der geringste Einwand grundsätzlich gegen solche Gerichte zu erheben, wenn sie tadellos zubereitet werden, und wo Mehlspeisen anderer Art statthaft sind. Die Küchenkunst vermag unübertrefflich lockere und geschmeidige Mehlspeisen nach alter Wiener Methode herzustellen, die ich mit Vorliebe auch bei Magenkranken verwendete. Aber etwas anderes ist eingetreten. Früher konnte fast jede Wiener Köchin erstrangige Germspeisen herstellen. Jetzt ist nur die Minderzahl dazu imstande. Auch hier ein bedauerlicher Rückgang der Kochkunst. Liederlich zubereitete Germspeisen sind in der Tat schwerbekömmlich, insbesondere bei Magenkranken verschiedenster Art. Wie oft hörte ich von Frauen, wenn ich Hefespeisen empfahl, Aussprüche, wie: „Das wird bei uns kaum möglich sein; ja wenn wir noch unsere frühere Köchin hätten.“ Ein anderes Vorurteil ist, Germspeisen hätten die besondere Eigenschaft dick zu machen. Maßgebend dafür ist natürlich die Höhe des Verzehrs. Im übrigen aber gibt es sehr zahlreiche Germspeisen, und zwar besonders schmackhafte, die sehr viel weniger Fett enthalten als Backwaren und sonstige Gerichte, die man auf andere Weise herstellt.

Hefe, weit minderen Maßes Sauerteig, gar nicht das Backpulver, hat noch eine andere wertvolle Eigenschaft. Sie reichert das Brot mit Protein an. A. Maurizio (46) erwähnt in seinem kulturgeschichtlich wertvollen und interessanten Buche eine Berechnung F. Hayduck's (31a). Da sich Hefe bei ihrer Arbeit im Teig um das Dreifache vermehrt, erreichte ihre durch den Menschen verzehrte, als Preßhefe berechnete Menge in Deutschland jährlich 150 Millionen Kilogramm. Deren Gehalt an Protein beträgt 16—17%. Die bei der Bierbereitung abfallende sog. „Überschußhefe“ betrug vor dem Kriege etwa 70 Millionen Kilogramm. Der Versuch, sie in Form von „Nährhefe“ (trocknes Pulver abgetöteter Hefe) als Zusatz zu Suppen, Tunken, Gemüsen u. a. beliebt zu machen, ist bei weitem nicht in dem Maße gelungen, wie man hoffte und wie das Material es verdient. Dagegen gelang es, durch hydrolytische Spaltung aus der Überschußhefe einen würzigen vitaminreichen Extrakt (Cenovis), in solcher Vollendung herzustellen, daß er den importierten Fleischextrakt geschmacklich übertrifft, dessen Verwendung stark zurückgedrängt hat und gänzlich verdrängen sollte.

Lebende Hefe hat durchaus den Rang eines Arzneimittels und sollte ohne ausdrückliche ärztliche Verordnung, u. a. auch in bezug auf Menge und Dauer, niemals angewendet werden. Vielfach gab man sie bei chronischer Furunkulosis und Acne (zumeist in Form von Bierhefe). Neben einer verhältnismäßig kleinen Zahl von guten Erfolgen zeitigte dies eine überwiegende Zahl von Mißerfolgen. Die lebende Hefe für die Behandlung Zuckerkranker nutzbar zu machen, war ein Fehlschlag. Bei der Behandlung Darmkranker tut sie öfters gute Dienste. Ich zog sie früher mehr sporadisch, im Laufe der letzten Jahre ausgedehnteren Maßes dazu heran, und zwar stets das ausschließlich für Bäckereizwecke bestimmte Preßgut benützend. Bei funktioneller Stuhlträgheit sind manchmal die Erfolge sehr auffallend. Aber es schalten sich neben vielen Fehlschlägen so oft derartige Reizzustände ein, daß ich Bedenken trage, die Hefekur ambulatorisch einzuleiten. Stets des Versuches wert ist eine Hefekur bei Darmdyspepsien, die in Richtung der A. Schmidtschen Fäulnisdyspepsie unter Bildung reichlicher Mengen von Indican verlaufen. Da gerade hierbei sowohl Größe der Gabe und Art der Darreichung sich nach dem Ausschlag der Wirkung zu richten haben, wie auch Überreizung und Tympanie des Darmes unbedingt verhütet werden müssen, erfordert die Hefekur bei solchen Zuständen klinische Behandlung. Ich verordnete Wiener Bäckerhefe auch bei Aerophagie, etliche Male mit dem deutlichen Erfolg, daß dann die Aerophagie beträchtlich nachließ, die Spannung des Bauches und der Hochstand des Zwerchfelles abnahmen. Die Zahl der Fehlschläge übertraf bisher aber die der Erfolge. Z. T. mögen an den Erfolgen psychotherapeutische Einflüsse beteiligt sein.

Von Hefekuren kann man nur sprechen, wenn man sich lebender Hefe bedient, und zwar soweit ich bisher übersehen kann, der Bäckerpreßhefe. Die stürmischer wirkende Bierhefe zieht allzu häufig unmittelbare Reizwirkung auf den Darm nach sich. Dies dürfte auch von der stets frisch zu bereitenden flüssigen Hefe gelten, über die mir Erfahrungen fehlen. Abschließendes kann ich über die Hefekuren weder selbst sagen noch aus der Literatur entnehmen. Am wertvollsten scheint die Hilfe der Hefe zu sein bei den erwähnten Fäulnisfermentationen. Aber auch diese Frage bedarf noch weiterer Durcharbeitung. Unbedingt gehört die Hefekur in den Bereich rein ärztlicher Belange.

3. Kaffee, Malzkaffee.

Vorausgegangene Ausführungen berücksichtigten den Wunsch, Nahrungsmittel, die wir zuverlässig und ohne Gefahr bedrohlicher Einwirkung durch ausländische Überflutung im eignen Lande erzeugen können, in den Vordergrund zu schieben. Diese Gesichtspunkte geben mir Veranlassung, auch über Kaffee zu sprechen. Großenteils handelt es sich bei Beurteilung des Kaffeegenusses um eine gesundheitliche und rein ärztliche Frage. Jeder Arzt, der nicht mit vorgefaßter Meinung belastet ist, wird den Standpunkt einnehmen, daß die Entscheidung über Zulässigkeit und Nichtzulässigkeit des Kaffees nur nach jeweiliger Lage des Einzelfalles entschieden werden kann, und daß sowohl beim Gesunden wie beim Kranken gewissermaßen eine persönliche Gleichung das zuträgliche Maß des Kaffeegenusses und die Entscheidung für Vollkaffee oder coffeinfreien Kaffee oder Kaffee-Ersatzmaterial bestimmt. Dem altbekannten coffeinarmen „Kaffee-Hag" hat sich neuerdings ein durch Coffeinabsorption coffein- und furfurolarm gemachtes Erzeugnis („Absorbo") hinzugesellt. Die Minderung des Coffeingehaltes steht dabei im Hintergrund gegenüber Ausschaltung brenzlicher Produkte und sonstiger Reizkörper.

Über die pharmakodynamische Auswirkung des Kaffees bzw. des Coffeins und über das Wann und in welcher Menge unter besonderen Umständen Vorsicht geboten oder gar ein Verbot notwendig ist, gehört nicht in den Bereich meines Themas. Ich möchte aber nicht unterlassen, auf einen sehr bemerkenswerten und lehrreichen Aufsatz von B. K. Lehmann (41) hinzuweisen, der auch über die außerordentlichen Schwankungen des Coffeingehaltes in Kaffee und Tee (Rohstoff) unterrichtet, was auch bei den Abkochungen bzw. Aufgüssen sich auswirkt.

15 g Kaffee, die übliche Menge für eine große Tasse kräftigen Kaffees, enthalten 105—375 mg Coffein (im Mittel etwa 200 mg), wovon in den Auszug 80% übergehen. In einer Sitzung, z. B. zum Frühstück oder Nachmittag, werden öfters mehrere Tassen Kaffee getrunken, was zur Aufnahme von 80 bis 800 mg führen kann (extreme Werte!), etwa 160 mg im Durchschnitt. Im „Familienkaffee" ist nur ein kleiner Teil dieser Menge. Der sogenannte Nachtisch-Mokka ist freilich weit über den Durschchnitt hinaus konzentriert. Für kräftigen Tee werden auf 300 ccm Wasser 5 g trockene Teeblätter gerechnet. Sie enthalten etwa 100 mg Coffein, wovon 80% in den Aufguß übergehen. Die gleiche Menge coffeinreichster Teeblätter (4%) liefern etwa 160 mg Coffein in den Aufguß. Im allgemeinen trinkt man in Deutschland und Österreich ziemlich stark verdünnten Tee, so daß ich die Aufnahme von Coffein in 3/10 Liter Getränk auf durchschnittlich nicht mehr als 80 mg schätze. K. B. Lehmann hat vollkommen recht, wenn er betont, daß in Deutschland erheblich weniger Coffein beim Teetrinken als beim Kaffeetrinken aufgenommen wird, was je nach den Zwecken, zu denen das Getränk dienen soll, von Vorteil und von Nachteil sein kann.

Die Warnung vor Kaffee auf völkische Ernährung zu übertragen, ist unbedingt als starke Übertreibung abzuweisen, wenn auch dem zweifellos häufig vorkommenden übertriebenden Mißbrauch entgegengetreten werden darf und muß. Vom volkswirtschaftlichen Standpunkt aus liegen freilich gewisse Bedenken vor, wenn man die ins Ausland abwandernden Summen für Kaffee und Tee in Betracht zieht. Immerhin sollten sie nicht überwertet werden, da die Barauslagen für die Rohstoffe nur den kleineren Teil der im Handel bezahlten Preise ausmacht, der größere Teil aber als Zollgebühr und Handelsgewinn im Lande bleibt. Des weiteren haben sich Kaffee und Tee allerorts als wertvolle Mitkämpfer gegen übertreibenden Genuß alkoholischer Getränke bewährt, und in dieser bemerkenswerten Hilfe kann kein Ersatzmittel den Kaffee und den Tee ersetzen. Andererseits möchte ich doch zurückkommen auf die Ausführungen im „Handbuch (67) der allgemeinen Diätetik" (S. 691 und 694, Berlin 1920), wo gemahnt wurde, die Eignung der Kaffee-Ersatzmittel, namentlich den in der deutschen Wirtschaft eine ansehnliche Rolle spielenden Malzkaffee (neuerdings auch Roggenkaffee) als Familiengetränk (evtl. mit etwa 20% Zusatz echten Kaffees) nicht zu unterschätzen. An gleicher Stelle wurden auch dessen gute Eigenschaften nachdrücklich hervorgehoben.

4. Über Vitamine.

In bezug auf Vitamine ist sich die ganze biologische Wissenschaft darüber einig, daß alle Formen vernünftig gemischter Kost ausreichende Zufuhr gewährleisten. Wie A. Scheunert's (80) äußerst wichtige Befunde lehren, beläßt auch Kochen, Braten und Backen der Nahrung viel mehr Vitamine als man früher annahm. Völligste Sicherung wird erzielt:

a) wenn übertriebenes Garkochen und Garbraten — von jeher ein Kennzeichen schlechter Küche — vermieden wird,

b) wenn das Kochwasser von Gemüsen und Kartoffeln Bestandteil der Kost bleibt (S. 18),

c) wenn im Sinne südländischer Ernährungsweise rohem Gemüse in Salatform und rohem Obste ein wesentlich breiterer Platz in der Kost eingeräumt wird als bisher bei uns durchschnittlich üblich war,

d) wenn auf reichlichen Verbrauch von Milch und Milchprodukten hingearbeitet wird,

e) wenn für möglichst abwechlungsreiche Kost bei Gesunden und Kranken gesorgt wird, und

f) wenn dem Massenverbrauche von mit unzweckmäßigen Methoden hergestellten Gemüse- und Obstkonserven in Büchsen gesteuert wird. Daß zweckmäßig hergestellte Konserven anders zu beurteilen sind, geht aus dem folgenden hervor.

Die außerordentliche Bequemlichkeit der Verwendung von Büchsenkonserven von Gemüse und Früchten hat denselben weiteste Verbreitung in Haushalten und Gasthäusern erobert. Dies wird wesentlich dadurch begünstigt, daß vielerorts und in langen Zeiten des Jahres die erwünschte Ware nicht unmittelbar in frischem Zustande greifbar ist. Während der Wintermonate verfügen wir in Deutschland und in dem verstümmelten Österreich nur über eine sehr beschränkte Auswahl frischer Gemüse und Obstwaren. Von Äpfeln abgesehen, verlieren sie alle, je mehr wir in den Winter und in die erste Frühjahrszeit kommen, beträchtlich an Genußwert. Ohne Konserven könnte man für breitere Abwechslung, auf die jetzt mit Recht von der gesamten Bevölkerung mehr Wert als früher gelegt wird, ohne beträchtliche Einfuhr aus dem Auslande den Bedarf bei weitem nicht mehr decken, während im Sommer Überfluß herrscht, den nur Konservieren für spätere Verwendung rettet.

Dazu kommt, daß im Gegensatz zu früher während eines großen Teiles des Jahres, manchmal sogar auf Höhe der Produktionszeit, Konserven billiger geworden sind als entsprechende Frischware.

Im letzten Spätsommer, also in der obst- und gemüsereichsten Zeit des Jahres, wurden mir in einem vielbesuchten Luftkurorte Oberbayerns, nur etwa eine Stunde Eisenbahnfahrt von München entfernt, beim Mittagessen Büchsenbohnen und Büchsen-Aprikosenkompott vorgesetzt. Zur gleichen Stunde wurde gerade ein Autolastwagen mit geleerten Konservenbüchsen zum Abtransport hoch beladen. Als ich mich darüber verwundert äußerte, erhielt ich die Antwort, das vielbesuchte Gasthaus könne mit frischem Gemüse und Obst nicht arbeiten; man könne sich auf rechtzeitige Belieferung nicht verlassen; die Qualität sei häufig zu beanstanden; von dem, was z. B. an Tagen mit ungünstiger Witterung und mit geringem Besuch nicht verbraucht würde, verdürbe zu viel; alles in allem kämen ihnen die Konserven sehr viel billiger als die Frischware zu stehen. Daß hierfür mangelhafte Organisation der Lieferung und Mangel an Kühlräumen wesentlich schuld waren, ist klar.

Gegen die Obst- und Gemüsekonserven wurde im Laufe der letzten Jahre heftige Fehde vom Standpunkt der Vitaminlehre eröffnet. Das ist unberechtigt und ist wieder einmal ein unbesonnener Streich der unentwegten Alles-Besser-Wisser. Nach den maßgebenden Untersuchungen (80) A. Scheunert's wird bei Fernhalten oxydierenden Sauerstoffes, wie es im Gegensatz zu vergangenen Zeiten bei ordnungsmäßigen Verfahren der deutschen Konservenfabriken jetzt durchaus üblich ist, nur das skorbutwidrige Vitamin C durch Hitze geschädigt, aber verschieden je nach Art ihres Trägers. In Kompotten verliert bei üblicher Küchenbehandlung Obst nur 20% von Vitamin C, in Gemüsen bis zu 50%; Kartoffel, dic ergiebigste Vitamin-C-Quelle, verliert durch Kochen kaum etwas davon [vgl. auch M. Rubner (72)]. Sowohl nach den deutschen wie nach den amerikanischen planmäßigen Untersuchungen ist insbesondere für Spinat-, Kohl-, Erbsen-, Bohnen- und Tomatenkonserven festgestellt, daß sie reiche Vitaminquellen bleiben, und zwar Jahre hindurch. Sie besitzen oft gleichen Vitamingehalt wie frische Marktware. Es ist sehr erfreulich, daß die „Arbeitsgemeinschaft für wissenschaftliche Konserven-Forschung", auf deren Tagung am 13. November 1930 auch A. Scheunert über seine Befunde sprach, scharf für das Durchführen aller erforderlichen Maßnahmen zum Schutze des Vitamingehaltes sich einsetzt und vollen Schutz der Vitamine durch geeignetes Verfahren betont.

Daß früher unzulängliche Verfahren üblich waren, steht außer Frage. Ich hatte selbst bald nach dem Kriege Gelegenheit, Konservenfabriken zu besichtigen, wo nach einem Verfahren gearbeitet wurde, das — wie wir jetzt wissen — den Bestand an Vitaminen schwer schädigen mußte. Gewissen, immerhin weitgehenden Maßes gibt das Erhaltenbleiben des arteignen Aromas bei Gemüse- und Obstkonserven auch Gewähr für Erhaltenbleiben der Vitamine. Es gab und es gibt leider auch heute noch Konserven, wo nur das Auge aber kaum die Zunge entscheiden kann, ob Schnabel- oder Markerbse, ob Riesenschneidebohne oder Prinzeßbohne oder Flageoletbohne, ob Spinat oder Kohlmus, ob Spargel oder Mangoldrippen, ob Süßkirschen oder Sauerkirschen oder Reineclauden, ob Pfirsich oder Aprikose usw. verzehrt werden. Dabei kann das Aussehen gleißend schön sein. Vor solcher Ware muß man sich hüten.

Leider wird, unter bedauerlich starker Mitwirkung der Verzehrer, den inländischen Konserven vom Auslande her ein erfolgreicher Wettbewerb gemacht. Vom geschmacklichen Standpunkte aus ist dies nur bei ganz vereinzelten Arten von Gemüsen berechtigt; bei Früchten, die auch in Deutschland und Österreich heimisch sind, niemals. Weitaus das meiste, was von Äpfeln, Birnen, Aprikosen, Pfirsichen, Kirschen, Pflaumen und dergleichen aus Ländern heißerer Sonne zu uns kommt, ist zwar größer und besticht durch Größe und Aufmachung das Auge, befriedigt aber geschmacklich keineswegs gleichen Maßes wie die heimischen Konserven. Von Verkäufern hörte ich mehrfach anpreisend erwähnen, daß diese ausländischen Konserven bei uns trotz des Zolles billiger seien als in ihrer Heimat! Ob dies richtig ist, kann ich nicht kontrollieren (S. 106ff.).

Bei dem altväterlichen Verfahren häuslichen Einmachens, das auch jetzt noch teilweise gehandhabt wird, ist die Gefahr beträchtlichen Vitaminverlustes weit größer als bei fabrikatorischer Herstellung von Konserven. Der Übergang zum Weckverfahren hat vieles gebessert. Die für das häusliche Einmachen von Obst und Gemüsen zuständigen Persönlichkeiten mit den zweckmäßigen neueren Methoden vertraut zu machen, ist Aufgabe der neuzeitlichen küchentechnischen Lehrkurse.

Neuerdings ist auch das Trockengemüse berufen, als Dauerkonserve des Gemüses eine wichtige Rolle zu spielen. Bisher hat man ihm, nur teilweise mit Recht, in bezug auf Vitamine nicht recht getraut. Ich lernte in Frankfurt a. M. eine nach besonderer Art hergestellte Trockenware verschiedenster Gemüse und Gewürzkräuter kennen, die in solchem Maße und darin andere Trockenware übertreffend ihr natürliches Aroma bewahrt hatten und beibehielten, daß man ihnen auch Dauerbestand der Vitamine zumuten darf (Rudolf Ley in Mainz-Mombach). Besondere Vitaminbestimmungen dieser Trockenware sind mir noch nicht bekannt geworden.

Bei Beachtung der S. 61 geschilderten Maßnahmen (a bis f) haben sich noch niemals Zeichen von Avitaminosen bemerkbar gemacht.

Es ward öfters, namentlich auch in der Tagespresse, auf die kleine Skorbutepidemie in Hamburg hingewiesen, von der die im Kasino des Eppendorfer Krankenhauses beköstigten Ärzte vor etwa drei Jahren befallen wurden. Es ist freilich tragikomisch und ein bequemer Tummelplatz für Scherze gewesen, daß dies gerade in einem Krankenhause vorkam, wo auf kunstgerechte Diätetik und auf Unterricht in der Kochkunst besonderes Gewicht gelegt wird. Für die Nährschäden war aber nicht die diätetische Küche verantwortlich, sondern eine jedem ärztlichen Einflusse unzugängliche allgemeine Küche. Die nachdrücklichen Einwände, die gegen die angelieferten Speisen erhoben wurden, waren von der selbstherrlichen Küche nicht beachtet worden, bis der Schaden sich kundgab.

Zwei Fälle besonderer Art seien noch kurz berichtet:

Ich behandelte Ende der neunziger Jahre einen Diabetiker, der auf Grund mißverstandener E. Külzscher Vorschriften nur lebte von Fleisch, Eiern, Grüngemüse und Fetten. Als er davon erfuhr, daß man durch scharfes Auskochen die kleinen Mengen Kohlenhydrate der Grüngemüse bis auf Spuren entfernen könne, nahm er das Gemüse nur in solcher Zubereitung zu sich. Er erkrankte an Skorbut. Dies ist der einzige Fall von wahrem Skorbut, dem ich unter etwa 30000 Fällen von Diabetes begegnete.

Bei einem Besuche in Hamburg, Anfang der neunziger Jahre, traf ich zufällig einen Seemann, in dessen Boot ich etwa 10 Jahre zuvor viele Ausflüge in und vor der Kieler Bucht gemacht hatte. Er sah sehr schlecht aus und erzählte mir, er sei als zweiter Steuermann auf einem Segelboot zum Robben- oder Walfischfang in nordischen Gewässern gewesen. Infolge von Nachlässigkeit sei ihnen der ganze Kartoffelvorrat erfroren und hätte über Bord geworfen werden müssen. Sie seien neben Fleisch, Fisch, Fetten und Mehl nur auf reichlich vorhandenes Büchsengemüse, auf eingemachte saure Bohnen und auf Sauerkraut angewiesen gewesen. Die ganze Mannschaft des Schiffes sei erkrankt, die anderen leicht, er aber sehr schwer. Er erhole sich nunmehr langsam am Lande. Dies zeigt einerseits die Unzulänglichkeit der damaligen Büchsenkonserven, andererseits die Tragweite des Kartoffelmangels.

Obwohl sich das Auftreten von Avitaminosen nur an ganz besondere von den gewöhnlichen Verhältnissen der Kranken- und Volkskost weit abliegende Umstände knüpft, die die Regel eher bestätigen als umstoßen, hat sich schon seit Entdeckung der Vitamine ganz automatisch und volkstümlich und leicht verständlich das Bestreben entwickelt, vitaminreiche Nahrungsmittel zu bevorzugen und Vitaminverluste durch küchentechnische Zubereitung möglichst zu vermeiden. Es ist ein Teilstück dessen, was man „neue Ernährungslehre" nennt. In diesem Umfange ist nichts dagegen einzuwenden, und wir können der Bewegung dankbar sein, wenn sie stärkeres Heranziehen der überaus zahlreichen, zu schmackhaften Salaten geeigneten Rohgemüse und stärkeren Gebrauch von Rohobst und Milch volkstümlich macht. Bei vielen hat sich aber geradezu eine Vitamingier entwickelt und zügelloses Verabscheuen jeglichen Verfahrens, das den Nahrungsmitteln auch nur ein Teilstückchen von Vitamin entzieht. Das ist, wie wir genau wissen, maßlose Übertreibung und schaltet zahlreiche Gerichte aus, die sich ernährungsgeschichtlich trefflich bewährten. Ihren Höhepunkt erreicht solche Einstellung in der extremen Rohkostbewegung. Über die etwas patriarchalische ursprünglich noch maßvolle Betrachtungsweise Bircher-Benner's hinaus greift das jetzt oft vernommene Verlangen nach „Vitaminüberschwemmung". Um den Vorteil solcher Überschwemmung für allgemeine Volksernährung und für Krankenkost zu erhärten, wären aber doch viel eindringlichere diätetische Versuche und Tatsachen erforderlich, als sie uns bisher in den zuständigen Veröffentlichungen geboten wurden. Einstweilen ist jenes Verlangen nur als subjektives Werturteil zu buchen. Nach meinem eignen, immerhin auf breiter Erfahrung fußenden Urteil, für das ich einstweilen aber auch nur den Rang eines Werturteils beanspruchen kann, sind maximale Erfolge der Ernährungstherapie — alles kann dieselbe natürlich nicht leisten — auf allen Gebieten, wo überhaupt Ernährungstherapie in Betracht kommt, auch ohne solche „Vitaminüberschwemmung" erzielbar; nicht mit festgelegter Methode, wohl aber mit schmiegsamer Anpassung der Gesamtkost an die Bedürfnisse des Einzelfalles. Es beweist geringen Respekt vor der teilweise noch sagenhaften Wirkkraft der Vitamine, wenn man ihnen die doch allen Arzneimitteln und auch allen Nährstoffen zukommende Eigenschaft von vornherein absprechen will, bei übertriebener Zufuhr auch schaden zu können. Ich erinnere an die Nährschäden durch größere Mengen bestrahlten

Ergosterins und möchte auch hinweisen auf die sehr überzeugenden Befunde A. Caspari's, (12) nach denen die reichliche Zufuhr von Vitamin B und A im Tierexperiment das Wachstum von Carcinomen stark fördert (s. unten); an die Möglichkeit, daß sie auch beim Entstehen von Carcinomen eine Rolle spielen, muß man immerhin denken. Belege liegen dafür nicht vor. A. Jesionek (33) fordert zwar keine Überschwemmung mit Vitaminen, betont aber, daß nur Rohstoffe eine wahrhaft naturgemäße Ernährung ermöglichen, darin nicht nur die Produkte weiblicher Tiere, sondern auch das Rohfleisch einschließend. Diese Kombination allein gewährleiste die Zufuhr aller lebenswichtiger Stoffe, zu denen Jesionek neben den Vitaminen auch unbekannte Stoffe rechnet, die er ganz allgemein mit dem Namen „Naturaline" belegt. Seine Worte haben fast dichterische Schwungkraft, sind praktisch genommen aber eine Übertreibung. Seine Gedanken weiterspinnend wird man sich alter Versuche erinnern, nach denen für Hunde Hundefleisch höherwertige Nahrung sein soll als anderes Fleisch, und man wird sich des damals geläufigen Scherzwortes erinnern, daß dies den Kannibalismus der Primitiven rechtfertige. Vgl. S. 32.

A. Caspari entwarf auf Grund seiner Tierversuche ein Programm für postoperative Ernährung Krebskranker. Er ging dabei von dem Gedanken aus, daß gerade nach Operationen bzw. Bestrahlungen dem Auskeimen restlicher Geschwulstherde diätetisch am besten vorgebeugt werden könne. Seine Bedenken richten sich u. a. gegen Rohkost im allgemeinen, besonders gegen Rohsalate aus Tomaten und Kopfsalat, gegen reichlichen Verzehr von Rohobst, in gewissem Grade auch gegen Milch und Milchprodukte und kleienhaltiges Brot. Ich stimme mit den Einwänden, die M. Bircher-Benner dem gegenüberstellte, in dem Sinne überein, daß ich solche Ernährungsprogramme für Krebskranke einstweilen noch für verfrüht halte.

Wir haben allerlei Ursache, die Art der Ernährung mit dem Entstehen von Krebsgeschwülsten und vielleicht auch mit der neuzeitlichen Häufung von Krebsleiden in ursächlichen Zusammenhang zu bringen. Gerade das letztere ist aber mit Fragezeichen zu versehen, weil unzweifelhaft in allen Kulturländern tödlicher Ausgang zahlreicher anderer bedrohlicher akuter und chronischer Krankheiten durch bessere Vorsorge, Fürsorge und Behandlung weit seltener als früher geworden ist und dadurch die Zahl der krebsbedrohten Menschen zugenommen hat. Ein Urteil über die Beziehungen von Ernährungsart und Krebsgefahr wird sich trotz reichlichster Erfahrung der einzelne kaum jemals verschaffen können. Er wird immer der Gefahr einseitiger Betrachtung und Schlüsse ausgesetzt sein. Dies ist sowohl den Ausführungen M. Bircher-Benner's (7) entgegenzuhalten, wie auch der Theorie P. Delbet's über Magnesiumarmut unserer Nahrung als Mitursache der Krebskrankheit. Auch Statistiken ganzer Länder genügen nicht. Die Erkenntnis kann nur kommen aus internationaler vergleichender Ernährungsforschung über Ernährungsweise einerseits, Vorkommen von Krebskrankheiten andererseits. Darüber liegen bisher nur ganz kleine Bruchstücke vor. Ich habe, diese Notwendigkeit erkennend, im Verein mit A. Durig und J. Tandler schon im Herbst des vergangenen Jahres den Vorsitzenden der offiziellen Kommission des Völkerbundes für Gesundheitswesen, Herrn Prof. Madsen (Kopenhagen) ersucht, dahin zu wirken, daß eine derartige internationale Forschung in die Wege geleitet werde.

Es ist zu hoffen, daß ein solcher Beschluß zustande kommt. Sehr wichtig ist es, dabei auch die Ernährung der zu Krebskrankheiten neigenden Tiere einzubeziehen, weil hier vielleicht früher als durch ausschließliche Beachtung der Verhältnisse beim Menschen Klarheit erzielt wird.

Über Wertung und Überwertung der Vitamine (vgl. auch S. 75).

XII. Über Rohkost.

1. Begriff der Rohkost.

Zur Rohkost gehören natürlich auch animalische Stoffe, vor allem rohes Fleisch, rohe Eier und Milch. In diesem Sinne gebrauchte A. Jesionek das Wort (siehe S. 32, 65).

Rohes geschabtes Ochsenfleisch, das sich früher hoher Wertschätzung erfreute, und das ich zu meinem Erstaunen im Jahre 1889 bei meinem Eintritt als erster Assistent der C. Gerhardtschen Klinik noch als sehr beliebte und vielverordnete Kostzulage antraf (Portion = 70 g), ist jetzt in den eigentlichen Kulturstaaten vom Familien- und Gasthaustisch fast ganz verschwunden (Beefsteak à la Tartare). Teils waren hygienische Bedenken, teils Wandlung der Geschmacksrichtung dafür maßgebend. Nur Roastbeef und Beefsteak mit halbgarem Inneren, die beide zu den schmackhaftesten Gerichten gehören, und anderes ähnliches blieben erhalten.

In letzterwähnter Form trägt die Hauptmasse des Fleisches noch durchaus den Charakter der Rohkost; dies um so mehr, als das scharfe Braten bzw. Rösten der Außenschicht wegen Bildung würziger Röstprodukte im Sinne der jetzigen Rohkostbewegung das Salzen gänzlich oder fast gänzlich überflüssig macht. In nordischen Ländern mit Halbkultur, z. B. bei den Eskimos überwiegt nach M. Rubner (72) der Genuß von Rohfleisch den von erhitztem Fleisch noch bei weitem. Unter den bei uns volkstümlichen Nahrungsmitteln gehören gepökelte Heringe und dergleichen auch zum Rohfleisch, ebenso — je nach Art des Räucherns — auch roher Schinken und manche Wurstwaren. Durch das Einsalzen haben sie aber alle Kochsalz, teilweise auch Salpeter aufgenommen, dafür von anderen Mineralstoffen und auch von löslichen organischen Bestandteilen einiges verloren, so daß alle Pökelware gewissen Grades denaturiert ist. Von tierischen Rohstoffen seien noch kurz erwähnt Austern und Kaviar, die bei uns keine Rolle spielen im Gegensatz zu anderen Ländern, wo sie für die Volkskost ansehnliche Bedeutung haben, Austern an den Küsten Nordamerikas, Kaviar (dieser niemals ganz ungesalzen) in Rußland.

Rohe Eier, früher sowohl von gesunden Erwachsenen und in der Kinderkost, vor allem in der Krankenkost hochgeschätzt, sind bei uns fast ganz verdrängt. Dies mit Recht, da rohes Eierklar (Albumen) den Verdauungsfermenten erheblich schwerer zugänglich ist als nach Gerinnung durch Hitze, und weil es auch bei manchen allergische Nebenwirkungen im Gefolge hat. Weit stärkeren Umfanges wird noch roher Eidotter verzehrt, dem die vom Albumen berichteten Nachteile nur in sehr geringem Maße anhaften. Häufiger als rohes Vollei spielt Eidotter in manchen Gerichten und namentlich Getränken noch eine beträchtliche Rolle. Wegen seines Reichtums an Lipoiden, Vitaminen und Nährsalzen ist Dotter, neben seinem hohen Energiegehalte, zweifellos ein sehr wertvoller Rohstoff.

In bezug auf Milch ist Rohverzehr eine rein hygienische Frage, damit verbunden, ob Milch mit sicherem Ausschluß schädlicher Keime greifbar ist. Daß unter letzterer Voraussetzung rohe Milch, Sahne und Butter den Vorzug verdienen, ist seit Jahrzehnten altbekannt und fand durch die Vitaminlehre Erklärung und Bestätigung. Wir wissen aber alle, daß trotz Marktaufsicht nicht nur bei Kindern, sondern auch bei Erwachsenen Rohmilch und -sahne, weit seltener Butter, manchmal schwere Infektionen bringen (Typhus, Paratyphus, Tuberkulose, Rindertuberkulose u. a.). Gewöhnliche Sauermilch (nach altdeutscher Art) und frische Buttermilch werden von den meisten noch mit Recht als Rohstoff und der Rohkost anerkannt; Yoghurt, Kefir und ähnliche gehören dagegen unbedingt nicht dazu, weil die Milch vor Beimpfung mit entsprechenden Keimen gekocht werden muß. Butter und weitaus die meisten Arten von Käse darf man gleichfalls zu den Rohstoffen rechnen. Bei Butter handelt es sich nur um eine mechanische Trennung von anderen Bestandteilen der Milch, bei Käse um Abscheidung des Käsestoffes durch natürliches Lab und um spätere Fermentation. Immerhin wird von vielen Anhängern unzweifelhafter Rohkost aller Käse mit Ausnahme des frischen Topfen (Quark) als nicht zulässig beanstandet; dies u.a. auch deswegen, weil die Dauerware gewissen Salzens bedarf. Gehalt der Dauerware an Kochsalz zwischen 1 und 4%, manchmal noch mehr.

Keine Frage, daß bei ausreichendem Heranziehen der erwähnten animalischen Rohstoffe und dem dringend anzuratenden Hinzutreten reichlicher vegetabiler Rohstoffe — beides natürlich in hygienisch einwandfreier Beschaffenheit, selbst bei Ausschluß von Getreide und Getreidemehl (siehe S. 69) — sich eine Kost errichten läßt, die den Bedarf des Menschen vollkommen deckt. Unsicher bleibt nur die Tragweite des völligen und dauernden Ausschlusses von Kochsalz (S. 73). Unter den unzweifelhaft in rohem Zustande sehr schmackhaften vegetabilen Stoffen finden sich auch die eiweiß- und fettreichen Nüsse und Mandeln und ferner manche Öle, die wie z. B. Olivenöl erster Pressung nur mechanisch vom Rohprodukt gesondert werden. Neuerdings erschien im Handel neben den altbekannten italienischen und südfranzösischen Produkten auch ein nur durch sorgsames Filtrieren gereinigtes und in keiner Weise denaturiertes griechisches Olivenöl, dessen natürliche Beschaffenheit schon aus der vollen Bewahrung des eigenartigen feinen Aromas der reifen Frucht hervorgeht. Die meisten vegetabilen Speiseöle, woher sie auch stammen, bedürfen freilich, um für uns mund- und schaugerecht zu werden, sowohl im Kleinbetriebe wie in Fabriken gewisser Reinigungsverfahren, die dem eingefleischten Rohköstler anstößig sind. Dies gilt auch für das übliche Olivenöl des Handels. Von den Vitaminen, womit die Pflanze ihre Früchte beschickt, ist in den meisten vegetabilen Ölen nicht mehr viel vorhanden.

Die neuzeitliche Rohkostbewegung geht unter völliger oder nahezu völligem Ausschluß der animalischen Rohstoffe auf rein vegetabile Kost aus. Auch bei der M. Gerson-Kost kommt dies zum Ausdruck, da sie die animalischen Eiweißträger wie Fleisch, Eier und — praktisch genommen — auch Milch und ihre Abkömmlinge stark in den Hintergrund drängt.

Manche für die breite Masse bestimmte Darstellungen der Rohkostpropaganda erwecken den Eindruck, als ob vegetabiles Material bisher nur in ganz geringem Maße in rohem Zustand Bestandteil der Volkskost gebildet hätte. Dies ist nur beschränkt richtig. Richtig ist, daß in manchen Schichten der Bevölkerung, in manchen Gegenden, zu bestimmten Jahreszeiten (zweite Winterhälfte, erste Frühjahrsmonate), wesentlich aus pekuniären Gründen, der Verzehr roher Früchte und Salatgemüse stark eingeengt war und auch jetzt noch ist. Anderseits war überall, wo pekuniäre Hemmungen wegfielen, und wo jenes Material jederzeit zu billigen Preisen leicht greifbar ist, sein Verbrauch das ganze Jahr hindurch ein sehr bedeutender, alle Volksschichten beteiligender, und zwar in solchem Umfang, daß vollauf genügende Aufnahme der charakteristischen Bestandteile, Vitamine und Pflanzensalze, gesichert war. Es zeugt für wenig Weltkenntnis und anderseits für propagandistischen Übereifer, wenn diese Tatsachen unterdrückt werden.

Der Begriff „Rohkost", wie er neuzeitlich gang und gäbe geworden ist, bezieht sich auf eine Ernährungsform, in der ausschließlich oder doch fast ausschließlich rohes vegetabiles Material zugelassen ist, und die insbesondere das Erhitzen von Gemüsen und Früchten streng verpönt. Es bestehen — praktisch genommen — Übergänge zur milderen Form des Vegetarianismus, der auch Brot und Rohmilch, manchmal auch Vogeleier (S. 66) zuläßt. Der Reinrohköstler verzehrt auch das Getreide roh, was sehr unzweckmäßig ist, da einerseits Verdauung und Ausnützung roher Stärke, im Gegensatz zu der mit Wasser gequollenen und erhitzten, zwar besser als man früher annahm, aber doch unvollkommen und weitgehenden Maßes unsicher ist, und da anderseits dem Rohgetreide manchmal dem Auge unerkennbar, gefährliche Keime wie Strahlenpilz (Actinomyces) anhaften.

2. Über Eigenschaften der Rohkost.

Ich halte mich, wo nicht anderes angegeben wird, an die neuzeitliche strenge Fassung des Begriffes (siehe oben). Ich kann bei der folgenden Übersicht mehrfach auf früheres verweisen.

a) Die vegetabile Rohkost ist arm an Nährwerten, im calorisch-energetischen Sinne des Wortes, bei gleichzeitig verhältnismäßig starkem Volumen und Sättigungswert. Der starke Sättigungswert wird fast von jedem, der sie benützt, ausdrücklich betont; aus eignem Erproben muß ich diese Empfindung bestätigen. Sie täuscht hinweg über das Empfinden energetischen Bedarfs. Hieraus kann sich als Folge Unterernährung ergeben, und diese Folge ist therapeutisch für Entfettungskuren ausnützbar (S. 27, 81). Sie führt aber recht oft auch da zu Unterernährung und Abmagerung, wo dies keineswegs erwünscht und zweckmäßig ist. Man könnte im Rahmen der Rohkost durch reichliches Heranziehen von Butter und vegetabilen Fetten (S. 67), auch von Nüssen und Mandeln (siehe S. 109 in Kapitel XV) der calorischen Minderwertigkeit abhelfen. Doch begegnet das Heranziehen reichlicher Fettmengen und Fettträger beim Genuß von Rohkost geschmacklichen Schwierigkeiten, so daß die Aufnahme von Fett entweder sogleich oder alsbald auf Mengen absinkt, die zur Auffüllung des wahren calorischen Bedarfs nicht ausreichen. Reichlicher Brotgenuß könnte teils durch sich selbst teils durch seine Eignung zu starkem Fettbestrich der calorischen Minderwertigkeit abhelfen. Beim Verzehr von Rohgetreide ist dies jedoch durchaus unsicher. Dessen Verzehr und wahrscheinlich auch dessen Ausnützung im Darm wird erleichtert durch Überführung der Getreidefrüchte in sog. Flocken, eine Methode, die aus Amerika stammt, jetzt aber auch in großem Maße in Deutschland angewendet wird, und zwar mit solchem Erfolge, daß die Schmackhaftigkeit der in trockenem oder leicht gequollenem Zustande genußfertigen Produkte die der amerikanischen Vorläufer übertrifft. In Betracht kommen für Deutschland und Österreich vor allem die sog. „Weghorn-Flocken", von denen mir die aus Weizen, Gerste, Hafer, Mais, Reis, Grünkern, Erbsen, Linsen persönlich bekannt wurden. Sie sind sehr schmackhaft, besonders wenn mit Obstsäften übergossen oder mit Obstmus oder mit Milch bzw. Rahm vermischt. Sie wirken auch anregend auf die motorische Darmtätigkeit. Ich möchte sie, ganz unabhängig von der Rohkostfrage, als wertvolle Bereicherung der Kost bezeichnen. Auch Gemüse und Suppen lassen sich mit diesem Zerealien- bzw. Leguminosenmaterial bequem anreichern. Inwiefern die Flocken im wahren Sinne des Wortes nichtdenaturierte Rohstoffe darstellen, kann ich einstweilen nicht beurteilen. Zweifel sind berechtigt, da sie als „dextrinisiert" bezeichnet werden.

Ich möchte ausdrücklich betonen, daß ich nur auf die *Möglichkeit der Unterernährung durch Rohkost* hinwies. Sie ist keine zwangsläufige Folge für jedermann, da sowohl die Menge dessen was der Rohköstler verzehrt, wie auch der Nährwertbedarf der einzelnen recht verschieden ist.

b) Die vegetabile Rohkost ist eiweißarm. Bei reiner Rohkost im strengsten Sinne des Wortes (S. 68) berechne ich die tägliche Zufuhr verdaulichen Proteins auf nicht mehr als etwa 40 g. Durch reichlichen Genuß von Mandeln und Nüssen aller Art, die im frischen Zustande zwischen 12 und 16%, im Trockenzustand zwischen 16 und 22% Stickstoffsubstanz enthalten (Erdnuß etwa 27%), könnte die Eiweißzufuhr in leicht assimilierbarer Form [vgl. „Allgemeine Diätetik" (67), S. 612ff.] um etwa weitere 10—15 g gesteigert werden. Derartige Ernährungsform als Dauerkost bei den „Frutarians" Kaliforniens ward schon vor langer Zeit (1902) von M. E. Jaffa beschrieben und auf ihre Bekömmlichkeit untersucht (Bericht in „Allgemeine Diätetik", S. 612). Es werden wohl aber auch andere mit mir und mit meinen Patienten die Erfahrung bestätigt gefunden haben, daß solche Affenkost (Rohgemüse, Rohobst, viel Nüsse) doch recht häufig recht lästige Darmbeschwerden, namentlich reichlichstes Entstehen und Abgehen von Gasen nach sich zieht, was besser in den Urwald als in unsere Kulturgemeinschaft paßt. Außerdem erzeugt reichlicher Nußverzehr bei vielen, offenbar bedingt durch ätherische Öle, leicht pharyngeale Reizzustände. Die Folge ist, daß nach anfänglicher Freude an reichlichem Nußverzehr, bald früher bald später, deren Höhe solcher Art absinkt, daß der ansehnliche Eiweiß- und Fettgehalt der Früchte nicht mehr genügend zur Geltung kommt. Von Brot könnten ansehnliche Mengen Weizenbrot ebenso wie dem Calorienwert auch dem Eiweißwert der Kost wesentliches hinzufügen, weniger in bezug auf Protein das Roggenbrot im allgemeinen, hochausgemahlenes oder gar Vollkornbrot im besonderen, da mit Höhe der Ausmahlung der Eiweißreichtum des Roggenbrotes zwar steigt, die Ausnützung der Stickstoffsubstanz im Darm aber sinkt, falls nicht ungewöhnliche, jetzt nicht in Frage kommende Zerkleinerungsverfahren des Korns zur Anwendung kommen (S. 49, 54). Wenn ich selbst schon seit Beginn meiner Beschäftigung mit diätetischen Fragen, vor mehr als 40 Jahren, den reichlichen Verzehr von Schrotbrot (d. h. kleienhaltigem Brot) aus Weizen und Roggen bei Gesunden und bei Kranken vielerlei Art angeraten habe und oftmals, immer aufs neue, literarisch dazu gemahnt habe, geschah es weit weniger mit Rücksicht auf den höheren Eiweißgehalt der Außenschichten des Korns als mit Rücksicht auf die Erziehung des Darms zu regelrechter motorischer Tätigkeit. Mir scheint es sicher, daß aus der Gewöhnung an solches Brot, und zwar von früher Kindheit an, auch eine wahre Abhärtung des Darms und eine Verringerung seiner Anfälligkeit gegenüber Krankheiten verschiedenster Art entspringt.

Von anderen vegetabilen Nahrungsmitteln eignet nur den Hülsenfrüchten ansehnlicher Eiweißgehalt, der bei ausgereifter Trockenware am höchsten ist (23—25%; bei Soyabohne 33%). Weder solche Kerne noch deren Mehl eignen sich zum Rohgenuß und würden wahrscheinlich auch sehr schlecht vom Darm resorbiert werden. Darüber, ob das Überführen der Trockenware in Flocken (S. 69) die Resorption wesentlich und allgemein gültig bessert, sind die Akten noch nicht geschlossen. Unreife Frischware von Erbsen, weniger schon von einigen Bohnen (z. B. Flageolet, Salat-Prinzeßbohne, Puffbohne) liefert roh-eßbare Kerne mit durchschnittlich 6% N-Substanz. Aber nur während weniger Wochen im Jahre! Kurz zu erwähnen ist noch die roh-eßbare Edelkastanie.

Wo sehr eiweißarme Kost zu therapeutischen Zwecken erforderlich ist (S. 43, 77), z. B. bei gewissen Zuständen von Nierenkrankheit, bewähren sich die für Rohgenuß geeigneten Salatgemüse und rohes Obst sehr gut; es wird nicht alles Eiweiß der Rohgemüse vom Darm resorbiert, und auf solche Rohstoffe ergießt der Darm reichlichen mit eiweißähnlichen Stoffen ausgestatteten Saft. Die nicht resorbierten Rückstände von Gemüse- und Saftstickstoffsubstanz erscheinen dann im Kot und entlasten die Nieren. Aus Obst werden fast alle wertvollen Bestandteile leicht resorbiert. Die treffliche Auswirkung reiner Obst-, Obstsaft- und Zuckerkuren bei bedrohlichen Nierenzuständen — nicht etwa als Dauerkost — ward zuerst von mir (53) im Jahre 1902 beschrieben [siehe auch die ernährungsgeschichtlich und praktisch wichtigen Ausführungen von C. v. Dapper (14)]. Damals viel angefeindet [z. B. von C. Hirsch (30)], gelangte dieses Verfahren erst fast $1^1/_2$ Jahrzehnte später durch Fr. Volhard (88) zu allgemeinerer Anerkennung. Reine Obstkuren bei Zuckerkranken, in Abwandlung und als Ersatz der älteren Haferkuren, wurden gleichfalls von mir zuerst beschrieben (1907). Ihre wohltätige Auswirkung auf Zucker- und Acetonausscheidung beruht auf minimalem Eiweißgehalt in Verbindung mit völliger Abwesenheit von Fett.

Es wirft ein bezeichnendes Licht auf die Hemmungen, die der Entwicklung der Diätetik und dem Eindringen diätetischer Ratschläge in die ärztliche Praxis sich entgegenstellten, wenn ich daran erinnere, daß der Bonner Kliniker C. Hirsch (30) das von mir empfohlene Verfahren in 1. Auflage (1911) von Krause-Garré's „Ther. inn. Krankh.“ Bd. II. S. 528 als „Diätkünstelei“ brandmarkte, während er ihm in der 2. Aufl. des Werkes (1927. Bd. II. S. 601) Anerkennung zollte.

c) Die vegetabile Rohkost ist größtenteils frei von Purinkörpern (Harnsäurebildnern), was fast für alle Vegetabilien und auch für einige animalische Stoffe (Milch, Eier, Fette) zutrifft. Auch für unreife junge Erbsen, wenn nicht im Übermaß verzehrt, gilt dies, da die Beladung der reifenden Frucht mit verhältnismäßig reichlichen Mengen purinhaltiger Substanz erst später stattfindet. Von diesem Gesichtspunkte aus ist vegetabile Rohkost als harnsäurewidrig ebenso aber auch nicht höher zu werten als jegliche, also auch gekochte vegetabile Nahrung. Über Beziehungen der echten harnsauren Gicht zu Vitaminen ist noch nichts bekannt, und wir wissen nicht, ob bei Gicht die vitaminreicheren rohen oder die vitaminärmeren gekochten Gemüse den Vorzug verdienen. Als mitwirkend bei dem neuerdings gehäuften Vorkommen von harnsauren Nierenkonkrementen und überhaupt allen Steinkrankheiten der Harnwege wurde Rohkost verdächtigt, wobei auch auf mögliche Begünstigung durch Vitamine hingewiesen wurde [V. Blum (8)]. Ich halte dies doch für einen ziemlich kühnen Schluß. Andererseits fehlt auch noch jede Berechtigung für die These von Bircher-Benner (7), der sagt: „Die Rohkost ist wahrscheinlich der einzige Weg, um die Nierensteinkrankheit zu heilen." Aus dem Zusammenhang geht hervor, daß M. Bircher-Benner dabei die Heilkraft der Vitamine ins Auge faßt. Näher scheint mir einstweilen die Annahme zu liegen, daß bei dem trotz aller Bemühungen [L. Lichtwitz (42) u. a.] noch nicht voll geklärten verwickelten Entstehen und Wachsen der Nierenkonkremente reicher Kochsalzgehalt des Harns eine ansehnliche Rolle spielt. Denn hohe Kochsalzkonzentration begünstigt, niedrige Kochsalzkonzentration hemmt das Entstehen von Niederschlägen. Von diesem Gesichtspunkte aus könnte die höchst kochsalzarme Rohkost vorteilhaft sein. Die Entscheidung ist der Zukunft vorbehalten.

Daß bei echter Gicht durch Einschalten kochsalzarmer Entlastungstage mit starker Harnflut gleichzeitig erkleckliche Mengen angestauter Harnsäure ausgeschwemmt werden, berichtete ich vor 4 Jahren. Ich (60) empfahl damals, als Vorbeugemittel bei Gicht allwöchentlich zwei solcher Tage einzuschieben, wobei namentlich auf Obst, Obstsäfte, rohe Gemüsesalate hingewiesen wurde. Nach weiteren Erfahrungen möchte ich sowohl für harnsaure Gicht wie für harnsaure Nierensteine dieses Verfahren mit noch stärkerem Nachdruck empfehlen, und zwar besonders in Form reiner Salat-Obst-Tage oder Reis-Obst-Salat-Tage (letztere auf meiner Krankenabteilung unter dem Namen „Eros-Tage" eingeführt). Einmal monatlich kann man drei solcher Tage zu kurzer Periode hintereinander schalten. Ebenso sollte man von solchen kurzen Perioden kochsalz-, eiweiß- und fettärmster Diät wegen ihrer antiphlogistischen Auswirkung (S. 32) bei acuten Gichtanfällen sofort Gebrauch machen. Über Gicht auch S. 29, 46, 88, 101, 112.

d) Die vegetabile Rohkost ist äußerst kochsalzarm und sie ist daher sehr brauchbar, wo derartige Beschaffenheit der Gesamtkost wünschenswert erscheint. Bei Nierenkranken und Fettleibigen ist dies schon seit Jahrzehnten therapeutisch ausgenutzt worden und durchaus keine Neuheit. Die Rohgemüse-Salate bedürfen aus geschmacklichen Gründen bei Zugabe von Öl und Essig (oder Zitronensaft; vgl. S. 29, 112) und geeigneten Gewürzkräutern keines oder nur höchst geringen Zusatzes von Kochsalz. Bei Salat aus wirklich guten Gurken — es gibt auch Gurken, die wie Rüben schmecken — ist Salzzusatz geradezu eine geschmackliche Verirrung. Hinausgreifend über die früher üblichen Rohsalatgemüse wie Kopfsalat, Lattich, Endivien, Zichorien, Fenchel, Schalotten, Löwenzahn, Kresse, Brunnenkresse, Rapunzel, Gurken, Kürbis, Tomate, Radies, Rettich, Weißkohl, Rotkohl, Schnitzel von Knollen- und Stangensellerie u. a. wies die neuzeitliche Rohkostbewegung auch noch auf manche andere Rohgemüse als salatfähig hin und schuf damit breitere Abwechslung. Namentlich werden jetzt häufiger als früher, und was auch aus geschmacklichen Gründen ganz zweckmäßig ist, Mischsalaten Scheiben von Mohrrüben zugesetzt; meines Erachtens sind freilich nur die jungen Wurzeln wirklich schmackhaft, ausgereifte weniger, erst recht nicht die überwinterten. Junger, ganz frischer Blumenkohl, namentlich Erfurter Zwerg und junge Kohlrabi (noch grünfleischig), ferner junge frische Erbsen sind in kleinen Mengen als Bestandteil von Mischsalat ohne weiteres verwendbar. Blumen aus großen ausgewachsenen Karfiolköpfen, vor allem wenn er nicht sofort nach Ernte genossen wird, ebenso ältere Mohrrüben, Kohlrabi und rote Rüben gewinnen erheblich an Eignung für Rohgenuß, wenn man sie auf etwa 12 Stunden in Einmache-Weinessig legt. Rohkartoffelscheiben werden auf solche Art einigermaßen genießbar. Sicher läßt sich die Reihe der roh genießbaren und in Salatform des Kochsalzes nicht unbedingt bedürftigen Gemüse noch verlängern. Je weiter man aber, mit dem Wunsche Abwechslung zu schaffen, über die von der völkischen Geschmacksrichtung als geeignet zum Rohgenuß erkannten Rohgemüse hinausgreift, desto leichter und früher entwickeln sich bei Menschen, die mit normalem Geschmacksinn ausgestattet sind und denselben nicht dem Einfluß von Suggestion und Autosuggestion unterstellen, Widerwillen und Widerstand gegen reichlichen Genuß von Rohgemüse, namentlich wenn Kochsalz als Zutat ausgeschaltet ist. Vgl. S. 41, 102.

Nun soll aber Rohgemüse gerade Hauptstück der ganzen Rohkost sein, und zwar in salzloser Form. Auf der Möglichkeit, bei zahlreichen Salaten aus Rohgemüse das Salz missen zu können, beruht deren ernährungstechnische Bedeutung. Wo man berechtigten Grund hat, von salzlosem Rohgemüse ohne Salzzusatz wesentlichen Vorteil zu erwarten, übertreibe man nicht durch allzu große Häufung und auch nicht durch Heranziehen von Rohmaterial, das sich gar nicht oder nur schlecht für diese Aufmachung eignet. Immerhin wird alles Rohgemüse in Salatform auf die Dauer zumeist williger genommen, als gekochtes Gemüse in völlig salzloser Zubereitung. Zumindest gehören tiefgründiges Verständnis für die Aufgaben und Möglichkeiten der Kochkunst und auch umständlichere küchentechnische Verfahren dazu (S. 24, 41), den Gerichten lockende Schmackhaftigkeit und Abwechslung zu verleihen.

Über die einstweilen in Frage stehenden therapeutischen Indikationen kochsalzarmer Kost, vgl. S. 24, 31, 76.

e) **Rohkost ist vitaminreich.** Darüber S. 60ff., wo auch auf die daraus sich ergebenden Übertreibungen hingewiesen wurde.

f) **Rohkost ist vom hygienischen Standpunkt aus nicht unbedingt einwandfrei.** Die Bedenken würden wegfallen, wenn die Rohkost aus zuverlässig einwandfreiem Material sich zusammensetzt. Wir wissen aber, daß den vegetabilen Rohstoffen, namentlich unterirdisch und erdnah wachsenden Gemüsen und Früchten, z.B. allen Kohlen, Kräutern, Salaten, Wurzeln, Erdbeeren usw., ferner nichtschälbaren kleinen Früchten, eine Anzahl verschiedenster Infektionskeime anhaften können, die selbst durch sorgsamstes Spülen ohne Hilfe hoher Hitzegrade nicht restlos entfernt bzw. unschädlich gemacht werden. Je nach Standort werden auch Baumfrüchten, wie Kirschen, Pflaumen, Äpfeln und Birnen, durch Wind und Insekten solche Keime zugetragen. Bei der oft sehr unordentlichen Nachpflege droht den vegetabilen Rohstoffen auch zwischen Ernte und Verzehr noch solche Gefahr, ähnlich wie der Milch. Derartig keimbeladenes Material spielt für das Entstehen vieler Infektionskrankheiten eine bedeutsame Rolle, z. B. für Ruhr, Cholera, Sommerdiarrhöen, Typhus, Paratyphus, selbst für Tubcrkulose. Kinder sind im Durchschnitt mehr bedroht als Erwachsene. Wie stark aber auch Erwachsene gefährdet sind, lehrt seit alters die wohlbekannte Häufung der Sommerdiarrhöen. Trotz aller Fortschritte der Markthygiene ist die Versorgung breitester Bevölkerungsschichten mit hygienisch durchaus einwandfreien vegetabilen Rohmaterial noch frommer Wunsch. Nur frisches, völlig einwandfreies Rohmaterial darf in Frage kommen, was übrigens auch mit den Forderungen der Rohkostpropaganda in vollem Einklang steht (S. 67, 68, 106).

g) **Vegetabile Rohkost stellt hohe Ansprüche an die Leistungskraft der Verdauungsorgane.** Namentlich für Wurzeln, Pilze, Knollen, verschiedene Kohlarten gilt dies. Über Rohgetreide und Hülsenfrüchte vgl. S. 69, 71. Daß dies bei gewissen organischen und funktionellen Erkrankungen des Magens und des Darmes starke Beachtung fordert, ist altbekannt. Aber auch bei manchen Menschen, die durchschnittlicher, altüberkommener, gemischter Kost weitestgehend gewachsen sind, können jene Organe durch starken oder gar ausschließlichen Genuß von Rohkost in arge Unordnung geraten. Es haben sich eben nicht alle Menschen aus Tier- und Waldmenschvorzeit unserer Ahnen eine der Rohkost vollkommen gewachsene Leistungsfähigkeit der Verdauungsorgane bewahrt. Gar mancher Arzt wird gleich mir gesehen haben, daß sich die Gier nach Rohstoffverzehr in recht üblen entzündlichen Darmstörungen auswirken kann, namentlich bei Kindern, und zwar auch dann, wenn auf die hygienische Beschaffenheit des Rohmateriales die erdenklichste Sorgfalt verwendet wurde. Immerhin ist bemerkenswert, wie oft Rohobst und Rohgemüse als einzige oder doch vorherrschende Nahrung überraschend gut auch von Leuten vertragen wird, die gegen Beigabe solchen Materials zu landesüblicher Durchschnittskost ungemein empfindlich sind. Es macht sich bei diesem häufigen Vorkommnis die leider oft übersehene Erfahrung geltend, daß die Bekömmlichkeit der einzelnen Nahrungsmittel nicht nur von ihrer Eigenart an sich abhängt, sondern auch weitgehenden Maßes davon, in Gesellschaft welcher anderen Nahrungsmittel sie verzehrt werden. Dies gilt für Gesunde und für Kranke und spielt insbesondere bei Magen- und Darmkranken eine gewaltige, therapeutisch höchst beachtenswerte Rolle. Allgemeingültiges läßt sich darüber nicht aufstellen, da bei anscheinend gleichartig liegenden Fällen die Ausschläge der Nahrungsmittel-Vergesellschaftung sehr verschieden sein können. Bei manchen Menschen wirkt Obst-Gemüse-Rohkost geradezu verstopfend. Auch bei manchen Durchfallskrankheiten ist dies der Fall und wurde von mir vielfach therapeutisch ausgenützt (S. 90).

3. Rückblick über Rohkost in der Volksernährung.

Für die Volkskost wurde der Vorteil stärkeren Heranziehens von Rohobst ausdrücklich anerkannt, während über Rohgemüse als ein Hauptstück der Gesamternährung das Urteil weniger günstig lauten muß. In dieser Hinsicht muß bei aller Wertschätzung der guten Eigenschaften vor jeder Übertreibung gewarnt werden. Maßgebend sind für diese Warnung die Eiweißarmut (S. 42, 70), der geringe calorische Nährwert im Vergleich zum Volum und zum Sättigungswert der vegetabilen Rohkost, der übertriebene Verzicht auf Kochsalz, die Schwerbekömmlichkeit der Rohgemüse für minder leistungsfähige Verdauungsorgane, die Möglichkeit bzw. Wahrscheinlichkeit hygienischer Unzulänglichkeit; des weiteren volkswirtschaftliche Bedenken ernster Art (S. 104). Alles zusammen Gesichtspunkte, die von dem Grundsatze ausgehen, daß jegliche Volkskost nicht nur mit einiger Wahrscheinlichkeit, sondern mit voller Gewißheit die Volksgesundheit für Gegenwart und Zukunft sichern muß.

Man ist jetzt am Werke, die Volksernährung mit tönenden Schlagworten in überwiegendes Rohkostsystem gleichsam hineinzupeitschen, statt wie bisher der Volkskost Zeit zu gönnen, sich Schrittchen um Schrittchen im Anschluß an gesicherte Erfahrung zu entwickeln. Über volkswirtschaftliche Belastung durch Rohgemüse und Obst (S. 104ff.).

Die vegetabile Rohkost ist durchaus ungeeignet, überragender oder gar ausschließlicher Bestandteil der Volkskost zu werden. Dies anzustreben, bedeutet einen kulturgeschichtlichen Rückschritt. Alle berechtigten neuzeitlichen Bestrebungen, die allgemeine Volksernährung aufzubessern und alte unzweckmäßige Gebräuche auszuschalten, können bei verstärktem aber nicht unmäßig und hemmungslos gesteigertem Heranziehen von Rohobst und Rohgemüse auch unter Beibehaltung der kultur- und ernährungsgeschichtlich bewährten Errungenschaften der Kochkunst vollauf befriedigt werden. Dies erstreckt sich auch auf die Vitamine (S. 60ff). Die notwendig erscheinenden Reformen der Kochkost müssen Gegenstand der Aufklärung und Belehrung sein.

XIII. Über die Indicationen von Rohkost und ungesalzener Nahrung in der Krankenernährung.

Aus den bisherigen Darstellungen geht hervor, daß der vegetabilen Rohkost gar viele brauchbare und schätzenswerte Eigenschaften beiwohnen, die sich bei richtiger Anwendung in der Krankenkost bewährten. Bezüglich der meisten Punkte kann ich teilweise oder ganz auf bereits Gesagtes zurückverweisen.

Bei nüchterner Erwägung der bisher gesicherten Tatsachen müssen wir absehen von dem durch alte Sekten, dann seit zwei Jahrzehnten von M. Bircher-Benner (6) und neuerdings von A. Jesionek vertretenen Standpunkte, daß nur Rohstoffe, d. h. durch Hitze nicht „denaturalisiertes“ Material, dem Menschen die Zufuhr aller benötigten Nährstoffe sichere. Daß dies in bezug auf die bisher bekannt gewordenen Vitamine Übertreibung ist, wissen wir (S. 60). In bezug auf bisher unbekannte Stoffe („Naturaline“, A. Jesionek, S. 65) ist es Hypothese, der einstweilen noch nicht einmal heuristische Kraft innewohnt.

Da Gehalt der Nahrung an Vitaminen nicht nur an Rohform gebunden ist, sondern bei richtiger technischer Behandlung auch weitgehenden Maßes den Erzeugnissen der Küchenkunst und der Konservenfabrikation zukommt, bleibt als charakteristische Eigenschaft der Rohkost ihre Kochsalzarmut übrig. Andere Eigenschaften der vegetabilen Rohkost, wie calorische Minderwertigkeit, Eiweißarmut, geringer oder völlig fehlender Fettgehalt lassen sich, obgleich etwas weniger bequem, gemäß alter und neuer Erfahrung bei entsprechender Auswahl des Materials auch gekochter Krankenkost verleihen. Gleiches gilt für natürliche Nährsalze und für das Verhältnis zwischen basisch und sauer gerichteten Bestandteilen der Gesamtkost.

Obwohl sich Abschließendes noch nicht sagen läßt, möchte ich doch auf Grundlage der Literatur und vor allem sehr ausgedehnter eigner Erfahrungen, die mit ihren Anfängen schon weit zurückreichen und seit etwa 4 Jahren planmäßige wurden, als wahrscheinlich hinstellen, daß der therapeutische Schwerpunkt der in die Krankenbehandlung aufgenommenen Rohkosternährung tatsächlich bei ihrer zwangsläufigen Kochsalzarmut liegt.

Daß sich dies therapeutisch nur dann voll auswirken kann, wenn gleichzeitig, entsprechend der Lage des Einzelfalles, auf sonstige Erfordernisse, wie richtige Einstellung der Nährwertsumme, des Eiweißgehaltes, der Menge und Auswahl von Fett- und Kohlenhydratträgern, der Gewürze usw., gebührende Rücksicht genommen wird, ist selbstverständlich. Ich stehe auch nicht an, auf Grund der eignen Erfahrungen zu behaupten, daß die beabsichtigte Heilwirkung auch ebenso gut und sicher erreicht werden kann, wenn das zum Rohverzehr bestimmte Material salzfrei gekocht wird, wie es bei Kranken mit besonders empfindlichem Verdauungsapparate oftmals erforderlich ist. Ob das Verabfolgen eines dem Nährsalzgehalte des Blutes und der Lymphe angepaßten Mineraliengemisches, das viel Kochsalz enthält, der Anstauung unerwünschter Kochsalzmenge sicher vorbeugt bzw. übermäßige Kochsalzstauung in den Geweben sicher beseitigt, läßt sich heute noch nicht entscheiden. Wenn wirklich die erstrebte Auswirkung (Entlastung von Kochsalz) die gleiche bleibt wie bei ungesalzener Nahrung, wäre es für die Schmackhaftigkeit der Heilkost von großem Belang. Vgl. hierüber S. 33.

Die wichtigsten Indicationen für kochsalzarme Kost und ihre Unterform „Rohkost" sind teils in Übereinstimmung mit der Literatur, teils nach eignen Erfahrungen:

1. Vorwiegend entwässernde Wirkungen.

Scharfe Trennung zwischen entwässernder und antiphlogistischer Auswirkung und sonstigen Nebenwirkungen ist nicht möglich, wie auch das folgende zeigen wird.

a) Nierenkrankheiten verschiedener Art, vor allem die akuten, subakuten und chronischen entzündlichen Formen. Neben letzteren auch die Nephrosen und die Sklerosen. Je schlechter die Ausscheidungskraft für Chloride und je stärker die Neigung zu nephrogenem Ödem, desto dringender ist die Indication, wie schon seit Jahrzehnten bekannt ist (vgl. S. 71). F. Volhard rühmt von der Rohkost auch das Absinken enterogener, durch das Blut zu den Nieren gelangenden Gifte. Theoretisch genommen, mag es richtig sein, daß die bei Rohkost im Darm gedeihende Mikrobenflora giftbildenden bacteriellen Schädlingen im Darm besonders widrig ist. Praktisch genommen, scheint es mir aber von geringem Belange zu sein, ob das an Stärke, Cellulose, Hemicellulose und Zucker reiche Material roh oder gekocht verzehrt wird. Über Einstellung der Eiweißzufuhr usw. vgl. die allgemeinen Bemerkungen (siehe S. 71, 101).

Die ausschlaggebenden Wirkungen der kochsalzarmen Kost (gleichgültig ob roh oder gekocht) sind: Schonung der Nieren und Entwässerung der Gewebe, unter Umständen auch antiphlogistische Eigenschaft. Vgl. zu Nierenkrankheiten S. 71 und die Ausführungen über Hypertonie S. 79.

Bei gefahrdrohenden Zuständen sind Zuckerlösungen und Fruchtsäfte am meisten zu empfehlen, wie ich es schon vor etwa 30 und vor 25 Jahren getan habe (S. 71). Ich darf mit größerer Bestimmtheit als damals behaupten, daß dies Verfahren günstiger wirkt als völliges Fernhalten von Speise und Trank.

b) Kardialer Hydrops. Zur Entwässerung Herzkranker ist kochsalzarme Kost schon seit langem üblich; es ist unnötig, darauf näher einzugehen. Weniger beachtet ist, daß sehr oft bei Herzkranken mit dem diätetisch erzwungenen Schwinden von Ödemen, offenbar wegen Beseitigung peripherischer Kreislaufhemmnisse, sowohl Erweiterung des Herzens wie Irregularität der Herzaktion und Schwäche der Gesamtleistung des Herzens sich derartig bessern, daß man auf medikamentöse Behandlung (Digitalis u. a.) völlig verzichten kann. Vgl. hierzu H. Salomon (74), N. v. Jagic (32) und H. Salomon; ferner die gleichsinnigen neueren Ausführungen von R. Seyderhelm (84).

c) Hydropsien anderer Art. Es sei zunächst der allgemeinen Hydropsien bei Anämischen und Krebskranken gedacht. Bei Chlorose kommt, wie C. v. Noorden (51) und E. Romberg (71) gleichzeitig und unabhängig voneinander mitteilten, oftmals starke Wasserstauung vor, ohne daß Ödem sicht- und fühlbar zu sein braucht. Wie ich damals beschrieb, ist es für den Erfolg der Gesamttherapie (insbesondere Eisen- und Arsentherapie) von hervorragender Bedeutung, zunächst die Überwässerung zu beseitigen, was trotz hinreichender Calorienzufuhr oft einen Gewichtssturz zwischen 4—8 kg innerhalb 2—3 Wochen nach sich zieht (Monographie „Bleichsucht", S. 180). Dies wurde damals durch milde Durstkur erzielt, die selbstverständlich kochsalzarme Kost voraussetzte, da das Verfahren ja — praktisch genommen — sonst nicht durchführbar ist. Ich bin überzeugt, daß sehr kochsalzarme Kost ohne Wasserbeschränkung das gleiche leisten würde. Praktische Erfahrung habe ich darüber aber nicht, da es jetzt derartige Chlorosefälle kaum noch gibt. — Über Insulin-Ödem vgl. S. 97.

Bei Anaemia gravis — gleichgültig wie bedingt — sind allgemeine Ödeme häufig. Kochsalzarme Kost beseitigt sie, wenn auch manchmal auffallend langsam und nicht immer vollständig. Das Allgemeinbefinden wird (auch bei Anaemia perniciosa) durch die Entwässerung günstig beeinflußt. Durchschlagende Therapie ist dies natürlich nicht. Für die Ödeme bei Kachexia carcinomatosa gilt das gleiche.

Bei Ascites (Lebercirrhose, auch Pfortaderthrombose) haben sich, unter anderem als Nachkur nach Punktationen, Durstkuren sehr bewährt, insbesondere in Verbindung mit kochsalzarmer Kost, worauf C. v. Noorden und H. Salomon (73) schon vor 25 Jahren hinwiesen [siehe auch „Allgemeine Diätetik“ (67), S. 875 u. 921]. Man kann auch Beseitigung des Ascites, mindestens langes Hinausschieben von Punktionen, gleichfalls durch sehr kochsalzarme Kost ohne wesentliche Flüssigkeitsbeschränkung erzielen, freilich langsamer und unsicherer als durch Verbindung beider Verfahren.

Bei anderen mechanischen Wasserstauungen, z. B. Kompression von Venen, bei Phlebolithen, bei Venaektasien an den unteren Extremitäten u. a. bringt kochsalzarme Kost unbedingt starke Erleichterung und sollte allen anderen therapeutischen Maßnahmen vorausgeschickt werden.

d) Bei Hypertonien und Arteriosklerosen wurde Wasserbeschränkung mit der daraus sich zwangsläufig ergebenden Kochsalzbeschränkung schon im ersten Dezennium des Jahrhunderts oftmals gerühmt. Z. B. berichten C. v. Noorden (54) und C. v. Dapper (14) übereinstimmend Erfolge durch primäre Kochsalzbeschränkung, was ja fast immer zwangsläufig auch den Durst und die Flüssigkeitsaufnahme herabdrückt. Praktisch genommen laufen also weitgehenden Maßes beide Verfahren auf dasselbe hinaus. Schonung der meist irgendwie mitgeschädigten Nieren, mechanische Entlastung des peripherischen Kreislaufes, vielleicht Abnahme der arteriolären Spasmophilie (durch Überwiegen des vagotonisierenden Kalium gegenüber dem Kochsalz in Vegetabilien) wird man vielleicht als Wirkungsvermittler ansprechen dürfen. Doch ist die ganze Frage noch nicht geklärt. Manche verlegen den Schwerpunkt der therapeutisch wertvollen druckmindernden Auswirkung auf die rein vegetabile oder lactovegetabile Form der Kost, darin teils positive Heilkraft gerade dieser Kost, teils den Wegfall von Fleisch — also ein Negativum — als das wesentliche bezeichnend. Diese Deutungen, bereits vor Jahrzehnten herangezogen, entsprechen dem Gedankengang der neueren F. Volhardschen Schule (87); von ihr wird namentlich der intestinalen Giftbildung aus Proteinen und vor allem aus Fleisch (Phenol und Phenolabkömmlinge) als Schädling für Blutgefäße und Nieren gedacht [E. Becher (3)]. Ich kann dem nicht bedingungslos beistimmen. Richtig ist freilich, daß salzarme Rohkost, manchmal schon nach wenigen Tagen, manchmal erst nach 1—2 Wochen, den Hochdruck mindert, oft um 40—60 mm Hg und mehr, ein unzweifelhaft viel sichereres Verfahren als irgendeine medikamentöse Verordnung. Vor allem ist es hervorragend wirksam in Fällen, wo ansehnliche Hypercholesterinämie besteht, was bei Fettleibigen mit Hochdruck fast immer zutrifft. Ein gewisser Parallelismus zwischen Sinken des Blutdruckes und dem des Blutcholesterins fiel mir auf und wurde von mir schon in meinem Vortrage vom 17. November 1930 erwähnt (64). Ohne theoretische

Folgerungen abzuleiten, möchte ich die Tatsachen hervorheben und empfehlen, den Zusammenhängen zwischen Hochdruck und alimentärer Hyperlipoidämie doch stärkere Aufmerksamkeit zuzuwenden. Beim Wiederansteigen des Blutdruckes wird man sehr oft auch ein Wiederansteigen der Cholesterinämie finden; freilich bei weitem nicht immer, ein Wahrzeichen, daß die Verbindung des einen mit dem anderen keine zwangsläufige ist, was ja auch allgemein bekannt ist. Bei Zugabe von Fleisch, Fisch, aber auch von einigen Eiern, von Käse und reichlicheren Mengen Milch, ebenso von unbeschränkten Mengen Kochsalz zur vegetabilen Rohkost (auch zu gekochter vegetabiler Kost) verzögern sich Abfall von Hochdruck und Cholesterinämie erheblich. Wenn aber erst einmal der Blutdruck wesentlich gesenkt und der Cholesteringehalt des Blutes auf etwa 170—180 mg% gesunken ist, bedingt die Zulage mageren Fleisches (150—200 g, genußfertig gewogen) meist gar keinen oder nur sehr unbedeutenden Wiederanstieg beider Werte. An dem längerdauernden Ausschalten lipoidreicher Fette festzuhalten, scheint jedoch praktisch wichtig zu sein. Das sind bedeutsame Fragen, bei weitem noch nicht abgeschlossen. In der Aussprache über Cholesterinstoffwechsel bei der diesjährigen Tagung der Deutschen Gesellschaft für innere Medizin (Wiesbaden) verlautete leider sehr wenig darüber. Der Behauptung, daß die Cholesterinämie alimentär nicht zu beeinflussen sei, muß ich entschieden widersprechen. Über Beziehungen zwischen Arteriosklerose und Cholesterinämie vgl. K. Westphal (91).

Die Dauerkost wird am besten ausgestattet mit reichlich magerem Fleisch, frischem Obst und Gemüse (beides teils roh, teils gekocht), reichlich Zerealien und anderen Amylaceen, wie z. B. Kartoffeln, möglichst wenig Fett (40 g Maximum), wenig Milch und Käse, wenig Eiern. Um genügende Zufuhr der fettlöslichen Vitamine zu sichern, verordne ich oft neben den erwähnten kleinen Fettmengen täglich 1—2 Eßlöffel des vitaminreichen Lebertrans. Die Menge der zulässigen Nahrungsmittel richtet sich natürlich nach der Gesamtsumme der Nährwerte, die man im Einzelfalle für zweckmäßig hält. Die Kost soll nur soviel Kochsalz enthalten wie nötig ist, sie schmackhaft zu machen. Ein- bis zweimal wöchentlich wird ein kochsalzfreier Tag eingeschaltet (vgl. Zickzackkost, S. 99).

Bei Erythrämien mit Hochdruck bringen gleichzeitige Diätmaßnahmen wie bei einfachen Hypertonien oft wesentliche Erleichterung.

Gerade Hypertoniker, Männer sowohl wie Frauen, klagen bei länger durchgeführter kochsalz- und fettarmer Kost manchmal über Schwächegefühle, die ihnen früher fremd waren, und die vor allem in den Vormittagsstunden auftreten. Dabei erwies sich mir Campher als sehr nützlich (bald nach dem Frühstück, hin und wieder auch in früher Nachmittagsstunde je 2 Camphergelatinetten). Vielleicht steht die günstige Auswirkung im Zusammenhange mit Entspannung der peripherischen kleinen Arterien, auf die M. Cloetta (13a) und R. v. d. Velden (86) jüngst als pharmakodynamische Auswirkung des Camphers hinwiesen.

e) Fettsucht. Langdauernde Kuren mit höchst salzarmer Rohkost und überhaupt höchst salzarmer Kost werden von Fettleibigen nicht gut vertragen. Sowohl während derselben wie namentlich in deren Gefolge kommt es oft zu verminderter körperlicher Leistungsfähigkeit und geistiger Frische. Dies erstreckt sich auf endogene und exogene Fettsucht, sowie auf ihre überaus zahlreichen Mischformen. Nicht der vegetabile Charakter der Kost ist die Ursache, da man bei hinreichender Vorsicht und geschickter Auswahl der Nahrungsmittel sowohl lactovegetabile wie auch rein vegetabile Entfettungskuren gefahrlos durchführen kann. Freilich sind solche Kuren unnötig und nicht einmal ratsam, da — von bestimmten besonderen Umständen abgesehen — das Heranziehen reichlicher Mengen magerer Eiweißträger, namentlich mageren Fleisches, vorteilhafter für den Gesamterfolg ist.

Dagegen ist die Eröffnung einer Entfettungskur mit allerstrengster salzarmer Kost (Rohsalate und Rohobst, 3—4 Tage lang) zwecks Entwässerung und, daran anschließend, nach dem System der Zickzackkost (S. 99) wöchentlich ein- bis zweimaliges Einschalten solcher Einzeltage von größtem Vorteil. Sie sind nach meinen Erfahrungen den alten Milch-Karell-Tagen unbedingt vorzuziehen. Eine stattliche Reihe von Vorschriften für solche salzärmste und gleichzeitig kalorienarme Schalttage finden sich bei C. v. Noorden und H. Salomon (67). Vgl. auch Kapitel Fettsucht in Krause-Garré, Ther. inn. Krankh. S. 176 (2. Aufl. 1927).

Im übrigen über Rohkost und Fettleibigkeit S. 27, 69, 101.

f) Hyperhidrosis. Wie ich schon früher in einer Diskussion kurz erwähnte (1929) bewährt sich kochsalzarme Kost — es braucht nicht Rohkost zu sein — bei Hyperhidrosis sehr gut, sowohl bei allgemeinem Überschwitzen wie bei örtlich begrenzter Hyperhidrosis der Hände und der Füße. Ich sah mehrfach schlagartige Heilwirkung bei allgemeiner Hyperhidrosis binnen 3—4 Tagen reiner Obstkost eintreten, und der Erfolg blieb gesichert bei nachfolgendem Übergang zur Zickzackkost (S. 99). Es scheint mir wahrscheinlich, daß das Entsalzen der Haut den Schweißdrüsen das Material entzieht, dessen sie zur Schweißbildung bedürfen. Bei der lokalisierten Form tritt der Erfolg meist erst nach etwas längerer Zeit ein.

g) Diabetes insipidus. Ich hatte bisher nur wenig Gelegenheit, den Wert der kochsalzarmen Kost bei dieser Krankheit zu erproben. Bei 3 Patienten bewährte sie sich gut. Sie bedingte starke Abnahme des Durstzwanges und führte die Diurese ohne jede anbefohlene Wasserbeschränkung auf die Hälfte und mehr zurück. Ich berichtete darüber schon in dem betreffenden Abschnitt in P. Krause-C. Garré, Ther. inn. Krankh. Bd. 2. S. 204. 2. Aufl. 1927.

2. Vorwiegend antiphlogistische Wirkungen.

Von antiphlogistischer Auswirkung der kochsalzarmen Kost war bereits ausführlich die Rede (S. 31ff.). Entsprechend meinen Ausführungen im Berliner Vortrag vom 17. November 1930 stellte ich im Sinne Fr. Luithlen's als wahrscheinlich hin, daß der günstige entzündungswidrige Ausschlag der Rohkost im allgemeinen, der Gerson- und der Sauerbruch-Herrmannsdorfer-Kost im besonderen auf Kochsalzarmut, bzw. auf entzündungswidrige Kraft des Calciums zu beziehen sei. Inwieweit es berechtigt ist, dem von manchen überaus stark betonten Vitamingehalt jener Kostformen ausschlaggebende Tragweite als Antiphlogistikum beizumessen, steht noch dahin. Einstweilen fußt dies auf Behauptungen und vieldeutigen Erfahrungen. Entscheidende Tragweite basisch oder sauer gerichteten Charakters der Kost wurde als höchst unwahrscheinlich abgelehnt (S. 32). Dies alles tut der praktischen Bedeutung ausschließlicher oder überwiegender Rohkost keinen Abbruch. Sie hat sich als ein besonders bequemes Verfahren zum Aufbau einer kochsalzarmen Kost bewährt (S. 73, 77). Mithelfend zur antiphlogistischen Auswirkung ist unter Umständen wahrscheinlich das Absinken intestinaler Giftproduktion (vgl. Nierenkrankheiten, S. 77 und Hypertonie, S. 79). Auch Sinken der Lipoidämie kommt vielleicht in Frage (S. 80); für welche und welchen Maßes diese Nebenwirkungen belangreich sind, läßt sich aber noch nicht übersehen und abgrenzen. Es folge hier eine Übersicht, bei der ich vielfach auf früheres verweisen darf.

a) Entzündungsvorgänge septischen Ursprungs verschiedenster Art, durch eitererregende Mikroben bedingt, sowohl akuten wie chronischen Charakters. Am sinnfälligsten ist der Einfluß bei Phlegmonen und bei entzündlichem Ödem. Wahrscheinlich vereinigt sich hierbei mit dem entzündungswidrigen Einfluß der Kochsalzverarmung auch günstiger Einfluß der Gewebsentwässerung. Das Mitwirken letzterer scheint mir daraus hervorzugehen, daß nach eigner alter Erfahrung die schon vor einem Jahrhundert begründete Schrothsche Trockenkost ebenso wie zweckmäßigere Abarten derselben gleichfalls Absinken entzündlichen Ödems mit sich bringt, obwohl sie zwar kochsalzärmer als die alteingebürgerte landesübliche Kost, aber durchaus nicht „kochsalzarm" im heutigen Sinne des Wortes war.

Unter den phlegmonösen Prozessen möchte ich vor allem die sich im Anschluß von Gangrän entwickelnden hervorheben. Die eignen Erfahrungen erstrecken sich fast nur auf Gangrän und Karbunkel bei Zuckerkranken, ferner auf Furunkulosis bei Zuckerkranken, Fettleibigen und unbekannten Ursprunges und auf Acnepusteln.

In bezug auf Gangrän stammt meine erste Erfahrung aus dem Jahre 1904 und betraf einen etwa 70 jährigen Mann mit leichterer Form von Diabetes (Fußgangrän). Obwohl ich schon damals der diabetischen Gangrän gegenüber möglichst konservativ eingestellt war, stimmte ich doch mit dem Chirurgen überein, daß hier eine Amputation unabweisbar sei. Der Patient verweigerte die Operation. Es entwickelte sich schwere Appetitlosigkeit, teils infektiös-toxisch, aber sicher auch infolge des seelischen Schockes depressiv bedingt. Er verweigerte jegliche Nahrung außer frischem Obst, Tee und leichtem Weißwein. Geringe Glykosurie bestand dauernd. Das kollaterale Ödem schwand auffallend schnell; nekrotisches Gewebe stieß sich ab; nach etwa 2 Wochen Wiederaufnahme der früheren Kost. Nach etwa 2 Monaten völlige Heilung ohne chirurgischen Eingriff.

Da solche Spontanheilungen der diabetischen Gangrän nicht ganz selten sind, auch in Fällen, wo man sie für höchst unwahrscheinlich erachtete, bezog ich den günstigen Verlauf damals nicht auf die Eigenart der Kost. Zurückblickend muß ich dies aber tun, da ich ein derartig schnelles Abrücken aus der Gefahrzone wie im erwähnten Falle, bei der früher üblichen konservativen Behandlung diabetischer Gangrän in keinem anderen der vielen Gangränfälle, die ich sah, erlebt habe. Planmäßig aufgenommen habe ich die Behandlung der Gangrän und anderer phlegmonöser Erkrankungsformen bei Diabetikern und Nichtdiabetikern mit Rohobst, Rohgemüsen und anderem ungesalzenem Material erst im Jahre 1828. Namentlich der Verlauf eines gemeinsam mit Dr. Herm. Meyer in Dresden behandelten Falles diabetischer Gangrän (Frühjahr 1928) veranlaßte mich, daran dauernd festzuhalten.

Sie ist jetzt, dank dem Vorgange von Sauerbruch und Herrmannsdorfer Allgemeingut geworden. Man darf aber nicht zuviel von ihr verlangen. Wenn nicht die toxisch-infektiöse Komponente übermächtig ist, darf man mit starker Wahrscheinlichkeit auf Rückläufigwerden der kollateralen Entzündung und Schwellung rechnen und bei kleineren oberflächlichen Herden (Acnepusteln und kleine Furunkeln) auch auf Erlöschen derselben. Bei größeren und tief gelegenen Eiterherden (Zellgewebe, Muskeln, Sehnenscheiden, Knochen, Gelenkapparat usw.) gehört solche Spontanheilung aber zu seltenen Ausnahmen. Da liegt der Wert des diätetischen Verfahrens bei zweckmäßiger Vorbereitung zur Operation. Man schafft dadurch günstige Vorbedingungen für die Operation, bewirkt, daß sie kleineren Umfanges als ohne solche Vorbereitung sein kann, und man sichert komplikationslosen Verlauf. Dies erstreckt sich über Phlegmonen, Gangrän, Karbunkel hinaus auch auf osteomyelitische Herde und muß auch bei komplizierten Knochenbrüchen in Betracht gezogen werden. Über Gasphlegmonen fehlt mir, und soweit ich aus der Literatur ersehen habe, auch sonst noch jegliche Erfahrung, ebenso über Erysipel.

b) Entzündungen der Haut. Ich verweise auf S. 33. Über das dort Gesagte hinaus sei erwähnt, daß das in Rede stehende diätetische Verfahren, freilich mit langsamer Auswirkung, sich uns als sehr nützlich erwies bei seborrhischen Entzündungszuständen und bei Acne rosacea. Bei letzterer wird die Abheilung beschleunigt durch gründliches Einsalben der Haut mit 3%iger Calciumchloridsalbe (Wallrat, kein Fett als Salbenträger). Pruritus, u. a. der sog. Pruritus senilis, ohne sichtbare Erkrankung der Haut, wohl sicher auf toxogener Entzündung kleinster Hautnerven beruhend, wird durch kochsalzarme Ernährung und Rohkost gewöhnlich zwar bald gebessert, aber er heilt meist nicht völlig oder doch nur überaus langsam. Zuhilfenahme von Calciuminjektionen (S. 26) beschleunigt die Heilung. Die langsame Beeinflussung des krankhaften Vorganges erstreckt sich übrigens auch auf andere Formen chronischer Neuritis, eine Erfahrung, die ja aus sachgemäßer diätetischer Behandlung diabetischer, gichtischer und enterogen-toxischer Neuritis verschiedensten Sitzes bekannt ist. Eine Ausnahme macht nur die Neuritis optica diabetica, die diätetisch auffallend schnell günstig zu beeinflussen ist (S. 98).

c) Lungentuberkulose. Nachdrücklich hervorheben muß ich die schweren Nachteile, die die früher übliche Fettmast der Tuberkulösen nach sich zog. Die auf dem Tuberkulosekongreß in Wildbad (1928) kundgegebene Abkehr von der Mast war sehr begrüßenswert und nützlich, ist aber durchaus kein neuer Gesichtspunkt. Eindringlichst nahm ich selbst dagegen Stellung schon vor 30 Jahren in meiner Monographie über „Fettsucht" [daselbst (52), S. 106]. Der in Diätbehandlung Tuberkulöser sehr erfahrene und kritisch urteilende Felix Blumenfeld (9) (Wiesbaden) und ich waren zu jener Zeit die einzigen Warner. Ich erhielt damals wegen meiner Warnung vor weitgehendem Aufmästen aus verschiedenen Heilanstalten für Lungenkranke empörte Zuschriften.

Ich möchte ausdrücklich der Meinung vorbeugen, daß ich über Behandlung Tuberkulöser keine Erfahrung gehabt und nur vom grünen Tisch aus gewarnt hatte. Mir unterstanden vielmehr seit 1894 im Frankfurter Städtischen Krankenhause sehr zahlreiche Tuberkulöse. Sie alle erhielten möglichst reichlich Eiweiß und von N-freien Nahrungsmitteln nur so viel, daß ein durchschnittlich normaler Ernährungszustand erreicht, das Ausarten zum Fettling aber grundsätzlich vermieden wurde. Ich darf auf die damals erzielten Erfolge mit Befriedigung zurückblicken.

Ich kann es wohl verstehen, daß Fachärzte für Tuberkulose meinen, das Verhüten von Fettmast sei wesentliche Ursache für die von der Gerson-Kost bei Tuberkulose gerühmten, aber wie wir alle wissen, teilweise noch bestrittenen Erfolge.

Sehr befremdlich klingt, daß jetzt Kohlenhydratträger als schädlich für Tuberkulöse bezeichnet werden, und daß eine aus der Diabetestherapie übernommene Eiweißfettkost mit sehr wenig Kohlehydrat, besonders mit wenig Amylaceen, an deren Stelle zu treten habe. Das widerspricht schnurstracks allen Erfahrungen von uns älteren Ärzten; ebenso auch den Erfahrungen über Auswirkung der Diättherapie bei allen anderen Krankheiten, mit gewissen Ausnahmen bei Diabetes, wo es auch nur bedingt zutrifft. Der neuen Lehre dürften meines Erachtens doch wohl Wertungsfehler über die Wirkkraft diätetischer Maßnahmen, vielleicht auch Fehler im Gesamtaufbau der Kost zugrunde liegen. Ich konnte mir darüber noch keine Klarheit verschaffen. Ich möchte es aber für völlig sicher erachten, daß bei Vermeidung einseitiger Übertreibung, d. h. von nur Kohlenhydratträgern oder nur Fett, und bei zweckmäßigem Aufbau der Gesamtkost die Gleichstellung dieser beiden Nährstoffgruppen nicht nur in bezug auf energetische, sondern ebenso auf stoffliche Auswirkung, sich auch bei Phthisikern als zu Recht bestehend ausweisen wird.

Abseits von den beiden grundsätzlichen Fragen (Warnung vor übertriebenem Mästen, d. h. über einen durchschnittlich normalen Ernährungszustand hinaus, und Warnung vor verfrühtem Urteil über das zweckmäßige Verhältnis zwischen Fett- und von Kohlenhydratträgern) möchte ich mich in die bewegten Erörterungen über die Tragweite der Gerson-Diät für die Behandlung der Lungentuberkulose nicht einmischen, da ich mich selbst in letzten Jahren nur wenig mit Behandlung dieser Krankheit zu beschäftigen Gelegenheit hatte. Daß mir sehr bedeutsame und überraschende Erfolge der Gersonschen Heilstätte in Wilhelmshöhe bekannt geworden sind, darf ich aber nicht verschweigen. Vgl. S. 90.

Einige grundsätzliche Bemerkungen muß ich hinzufügen. Es ist in Anbetracht der alten Experimentaluntersuchungen Fr. Luithlen's (S. 25) wohl sicher kein Zufall, daß unter allen tuberkulösen Organerkrankungen gerade der Lupus der Haut am günstigsten durch kochsalzarme Kost beeinflußt wird. Es ist weiterhin verständlich, daß in bezug auf Lungentuberkulose die Urteile noch auseinander weichen. Es wird bei ihr wohl auch niemals zu einheitlichen Ausschlägen derartiger therapeutisch-diätetischer Maßnahmen kommen können, da ja die krankhaften Prozesse in der Lunge bei Tuberkulose keine einheitlichen sind. Bald überwiegen spezifische, nur durch den Kochschen Bacillus veranlaßte Prozesse, bald entzündliche und zerstörende, an denen andere Mikroben stark oder sogar überragend mitbeteiligt sind. Es scheint mir sehr wahrscheinlich, daß gerade auf die letztgenannten Prozesse, die mehr oder weniger septischen Charakter tragen, die kochsalzarme Kost günstig einwirkt. Wenn dies stimmt, muß der Übertragung dieses die Calciumauswirkung begünstigenden diätetischen Verfahrens in die Therapie der Lungentuberkulose hoher Wert beigemessen werden, denn gerade jene Prozesse waren der Therapie immer am schwersten zugänglich. Auf den Reichtum an Calcium- und Kaliumsalzen in der Gerson-Kost einschließlich des Mineralogens wies auch W. Falta (16) als mitwirkend bei der Tuberkulosebehandlung hin.

Bei Knochen- und Gelenktuberkulose, wo entzündliche Vorgänge fast stets überwiegen, ist nach den bisherigen Erfahrungen von kochsalzfreier Kost Bedeutsames zu erwarten. Weniger günstig scheinen die Aussichten bei Drüsentuberkulose zu liegen; dies ist aber noch nicht spruchreif. Abänderungen und Ergänzungen der bisher meist allzu schematisch durchgeführten Diät werden voraussichtlich das Verfahren für die hier erwähnten Krankheitszustände wertvoller machen.

d) Gelenkrheumatismus. Auf entzündliche Weichteilschwellungen, auch solche akuter Art, wirkt sich bei Gelenkkrankheiten die kochsalzfreie Kost in ähnlicher Weise und Stärke aus wie bei entzündlichen Hautkrankheiten (S. 25, Fr. Luithlen's Befunde über Hautkrankheiten). Auch Ergüsse in die Gelenke werden befriedigend, wenn auch langsamer, dadurch beeinflußt. Die Wirkung auf einmal entstandene Knochenveränderungen steht zum mindesten weit dagegen zurück und bleibt nur allzuoft vollkommen aus.

Dem allgemeinen Aufbau der M. Gerson-Kost haben sich mit nur unwesentlichen Änderungen andere angeschlossen. Teilweise, aber doch wesentlich, abweichend äußert sich nur R. Pemberton (69) indem er unter den stickstoffreien Nährstoffen die Fette für zweckmäßiger erklärt als die Kohlenhydrate. Mit dem Kostzettel, den er mitteilt, stimmt dies freilich nicht überein. Ich konnte mir freilich nicht das Original zugänglich machen, sondern nur den ausführlichen Bericht in „Die Med. Welt“ 1929, Nr. 40. Ich darf nicht unterdrücken, daß ich die Lehre von der günstigeren Wirkung der Fette ablehnen muß.

Bei allen chronischen Gelenkleiden, insbesondere bei solchen der unteren Extremitäten, des Beckens und der Wirbelsäule, muß unter allen Umständen auf möglichste Gewichtentlastung hingesteuert werden, eine ganz alte aber oft ungenügend beachtete Forderung [C. v. Noorden (52) 1900 u. 1910]. Entwässerung und Entfettung sind bei Übergewicht die Losung. Für Gelenkkranke ist aber schon normales Durchschnittsgewicht als Übergewicht zu werten [„Relative (52) Fettleibigkeit“]. Mit aller Vorsicht, Stetigkeit und Geduld ist auf Hager- und Magerkeit hinzustreben, was praktisch genommen um so schwieriger ist, je mehr die Gebrechen die Beweglichkeit verkümmern. Es vergehen oft viele Monate, selbst ein Jahr und mehr, bis man wünschenswerte Entlastung der Gelenke ohne sonstige Gefährdung des Körpers bei chronischer Arthritis erreicht hat.

Neben diesen alten diätetischen Grundsätzen hat sich nunmehr die

Kochsalzarmut der Kost bedeutsamen Rang erobert. Selbst wenn Knorpel- und Knochenveränderungen nicht rückläufig werden, was übrigens in bezug auf frischere Knochenwucherungen doch manchmal überraschenden Maßes geschieht, ist der Rückgang der entzündlichen Weichteilschwellungen und Ergüsse von unschätzbarem Vorteil, und dies ist in weitaus den meisten Fällen nicht nur sicher, sondern auch überraschend schnell zu erzielen. Wir erreichen auf meiner Stoffwechselabteilung das Maximum des Erfolges fast immer in 3—4 Wochen. Am hartnäckigsten sind die Arthritiden an den Fingern. Manchmal bleibt eine gewisse Zeit lang in Umgebung der Gelenke Schmerzempfindlichkeit zurück, eine restliche Neuritis, die nur langsam weicht (S. 97) und für die physikalische Heilmethoden zuständig sind. Die Chronisch-Arthritiker verlassen fast alle mit dankbarer Zufriedenheit unsere Abteilung.

Um schnellen und vollen Einfluß auf die entzündlichen Schwellungen zu gewinnen, muß man anfangs sehr energisch vorgehen, und wir geben daher am liebsten 5—7 Tage lang nur rohes und gekochtes Obst, Salate aus Kopfsalat, Lattich, Gurken, Tomaten, roten Rüben, Radies, ferner rote Grütze aus Sago, Fruchteis aus Erdbeeren oder Himbeeren, kleine Mengen salzfreier Gebäcke, wie süße Zwiebäcke und salzfrei zubereitetes Hefe-Teegebäck; nach dem dritten Tage oftmals auch ein bis zwei hartgekochte Eier. Die Salate werden mit reichlich Weinessig, mit Salatkräutern, wenig Öl und nach Belieben mit Paprika bereitet. Zitronensaft und die zitronensäurereichen Zitronen und Orangen werden gerade bei diesen Leiden unter den Obstfrüchten gänzlich ausgeschaltet, um die Calciumwirkung nicht zu beeinträchtigen (S. 29). Nach vollkommenem Schwinden der entzündlichen Schwellungen wird die Kost liberaler und nach dem Zickzacksystem aufgebaut (S. 99).

Bei typischem, akuten Gelenkrheumatismus ist die Kochsalzfreiheit der Kost, soviel ich bisher gesehen habe, wenn auch nützlich, so doch von beschränkter Wirksamkeit. Sie steht jedenfalls weit zurück gegenüber der Heilkraft der Salicylate.

Es wird mit Recht über die seit 1—2 Dezennien stark zunehmende Verbreitung aller chronischen, rheumatisch-arthritischen Krankheiten geklagt. Sie belasten Krankenkassen, Invalidenkassen und Versorgungsanstalten mancherorts höheren Maßes, als es die Tuberkulose tut. Die Ernährung ist sicher daran unschuldig, da das Überhandnehmen jener Leiden alle Stände und alle Kulturländer betrifft. Für die Ursache halte ich, daß weitgehenden Maßes die wunderbare Heilkraft der Salicylsäure bei Frühformen der Krankheit vergessen ist, und daß da, wo sie gebraucht wird, mit ganz unzulänglicher Gabe und Dauer gearbeitet wird. Sie ist bei allen Frühformen, insbesondere auch bei den zweifellos ungemein häufigen infektiös-toxischen Formen, ungleich höher einzuschätzen, als sämtliche jetzt in höchstem Schwunge befindlichen Arten physikalischer Therapie, einschließlich der oft viel zu früh eingeleiteten, für Spätformen freilich höchst wertvollen Bäderkuren. Ich habe die wuchtige Behandlung der Frühformen mit Salicylaten niemals preisgegeben und bin nach meinen Erfahrungen sicher, daß die Rückkehr zu ihr die Zahl der chronisch rheumatisch-arthritischen Leiden wieder stark herabdrücken wird. Aber auch die bereits chronisch gewordenen Formen lassen noch breiten Spielraum für Salicyltherapie, in erster Linie bei akuten und subakuten Verschlimmerungen. Gleiches gilt auch für andere Formen rheumatischer Leiden, z. B. an Muskeln und Nerven. Mit was für kleinen Dosen (2—3 g am Tage) und auf wie kurze Zeit wird jetzt gewöhnlich gearbeitet! Wir gaben früher 5—7 mal am Tage je 1 g Acidum salicylicum oder entsprechend andere Präparate und bauten diese Mengen nur ganz allmählich bis in die Rekonvaleszenz hinein ab.

Selbstverständlich muß die Therapie auch auf primäre Krankheitszustände gerichtet werden, soweit sie faßbar sind. Von diesem Gesichtspunkte aus fällt u. a. auch der Diätetik eine bedeutsame Rolle zu, worauf ich bei der Mannigfaltigkeit der Quellgebiete für Rheumatoide und Arthritiden hier nicht eingehen kann. Nur sei hingewiesen auf den Darm als recht häufiges Quellgebiet. Bei den verschiedensten Darmkrankheiten, von Dysenterie und Dysenteroiden bis zur gewöhnlichen elementär bedingten Stuhlträgheit spielte mir planmäßige Diätbehandlung oft überraschend günstige Beeinflussung von Neuritiden und rheumatisch-arthritischen Leiden in die Hand (S. 97).

e) Gicht (Arthritis urica). Über Gicht ward in einem anderen Zusammenhange bereits gesprochen (S. 72). Auf die allgemeine Kostordnung bei Gichtkranken gehe ich hier nicht ein. Ich beschränke mich auf die diätetische Behandlung des akuten entzündlichen Gichtanfalles. Dabei ist, wie seit langem allgemein üblich, strengstes Ausschalten purinhaltiger Nahrungsmittel unbedingt geboten. Dem entspricht mit wenigen Ausnahmen vegetabiles Material, aber auch manches aus dem Tierreiche. Ich wies schon vor 4 Jahren darauf hin, daß gleichzeitiges Ausschalten von Kochsalz sehr wichtig sei, da dies die Ausscheidung überschüssiger Harnsäure durch die Nieren stark begünstige (S. 72). Ich betonte die überragende Eignung der Obstkost zu diesem Zwecke. Ich (60) ließ damals noch einige andere, höchst kochsalzarme Nahrungsmittel in kleinen Mengen zu (wenig Milch, feine Zerealienmehle, Kartoffeln). Sehr bald nachdem ich dies vor 5 Jahren niederschrieb, bin ich aber nach vorherigen Erfahrungen am eigenen Leibe dazu übergegangen, zwecks diätetischer Behandlung der akuten Anfälle ausschließlich Obst (keine Bananen; sie sind verhältnismäßig salzreich!) und die dem Obst nahestehenden Gurken und Tomaten (mit wenig Olivenöl und mit Weinessig als Salat bereitet, S. 87) zu empfehlen. Ob man das Obst roh oder gedämpft verzehrt, ob mit oder ohne Zucker, ist an sich gleichgültig. Ich selbst ziehe, wie die meisten meiner Gichtiker, das Rohobst stets vor, weil sein Sättigungswert größer und seine erfrischende Kraft beträchtlicher ist. Wenn greifbar, sind saftreiche Weintrauben, Melonen, Ananas, Birnen am empfehlenswertesten. Als Getränk: Obstsäfte, dünner kalter Tee, Pfefferminztee, gewöhnliches Trinkwasser, kein Mineralwasser irgendwelcher Art. Ein bis zwei Glas leichten Moselweines bleiben harmlos. Diese sehr strenge aber schmackhafte antiphlogistische Kost kann, wenn der Anfall sich länger hinzieht, was meist durch sie verhütet wird, bis zu 5 Tagen aufrecht erhalten werden. Zur Erweiterung der Kost greift man nach Abklingen des Anfalles, spätestens aber nach 5 Tagen, zu hart gekochten Eiern und zu salzfreiem Gebäck. Gar viele erfahrene Gichtkranke wissen auf Grund dieser oder jener Vorboten (u. a. häufig superazide Magenbeschwerden und Durchfälle) genau, daß sie vor Ausbruch eines akuten Anfalles stehen. Sofortiges Einleiten der beschriebenen Kost beugt demselben mit starker Wahrscheinlichkeit vor, wozu wohl sicher die durch jene Kost bedingte ansehnliche Ausschwenmung von Harnsäure Wesentliches beiträgt. Ich fand bei einem Patienten meiner früheren Frankfurter Klinik, der mir das Nahen eines Gichtanfalles ankündigte, unter Einfluß der beschriebenen Diätkur bei reichlicher Diurese eine Ausscheidung von 5,2 g Harnsäure in 48 Stunden; der erwartete Anfall blieb aus. Die gleiche günstige Erfahrung, aber nicht durch Harnsäurebestimmungen ergänzt, machte ich bei mir selbst.

Nach Abklingen des Anfalles wird ein bis zweimal wöchentlich ein Obsttag eingeschaltet. An den übrigen Tagen kann dann, auch in bezug auf Purinkörper, die Kost sehr liberal sein (vgl. Zickzackkost S. 99).

Die Heilkraft der beschriebenen Kost wird bei Anfällen wesentlich verstärkt durch intravenöse Injektionen von Atophanyl und medikamentöses Darreichen des stark antiphlogistisch wirkenden Oleum Santali; zwei- bis dreimal am Tage je 1 g, aber nicht länger als drei Tage lang, denn sonst bringt es Magenbeschwerden. Das Oleum Santali steht mit Unrecht im Rufe, nur bei Gonorrhoe zu wirken. Das ist falsch. Es bewährt sich nicht nur auch bei Gicht, sondern des weiteren bei akuten Entzündungen der Bronchien und selbst bei Pneumonien.

f) Entzündungen der Atmungsorgane, von der Nase an bis zu den feinen Bronchien, vor allem, wenn sie mit starker Sekretion einhergehen. Der antiphlogistische Einfluß der kochsalzfreien Kost macht sich oft schon nach 1—2 Tagen deutlich bemerkbar bei akuten Erkältungszuständen. Er kommt auch zur Auswirkung bei akuter Angina und bei influenzaartigen akuten Zuständen. Man wird diesen Beobachtungen vielleicht nicht gerne überzeugende Kraft beimessen, da ja der Verlauf derartiger Krankheiten schwer vorauszusehen ist und schnelles, spontanes Abheilen oft überraschend schnell erfolgt. Überzeugender sind die freilich langsamer deutlich werdenden Erfolge bei chronischen Bronchitiden mit starker Sekretion, einschließlich der putriden Bronchitis und der Bronchiektasie, selbst bei Gangräna pulmonis und, worauf besonders stark hingewiesen werden soll, auch bei Lungentuberkulose. Nach eigenen, darüber freilich noch geringen Erfahrungen kann da das Abnehmen der Sekretion als erstes erfreuliches Symptom günstige Wendung der Dinge durch die kochsalzarme Kost einleiten (auch bei Kavernen).

g) Bei **Zahnwurzelentzündungen,** auch bei entzündlichen Schwellungen anderer Ursache in Umgebung der Zähne, sah ich mehrfach beträchtlichen Nachlaß von Schmerz und Schwellung bereits nach einem einzigen strengstens durchgeführten Obsttag (vgl. Gichtanfall S. 89). Dies ist wertvoll, falls zahnärztliches Eingreifen aus irgend einem Grunde nicht sofort erfolgen kann, unterstützt bei Wurzeleiterungen aber auch die durch Öffnen des Wurzelkanals erfolgende Entlastung. Diese Erfahrungen sind zum Teil bei Zuckerkranken gemacht.

h) Bei **chronischer Gastritis,** insbesondere auch bei Gastritis superacida der Pars pylorica erzielt bekanntermaßen eine verhältnismäßig kurze Periode völlig reizloser Kost außerordentliche Besserung, die die Grundlage für weitere restlose Heilung bildet [C. v. Noorden (68) u. H. Salomon]. Dem altüblichen Aufbaue entsprechend ist solche Kost höchst salzarm. Wir haben auf meiner Stoffwechselabteilung die Heilkost so salzarm wie irgend möglich gestaltet, indem wir dem Rahm und den feinen Zerealien-Mehlgerichten auch Gefrorenes aus Rahm, Zucker und Fruchtsäften oder auch Mus aus nichtsauren Früchten, rote Grütze aus Maisstärkemehl und ähnliches hinzufügten. Den klinisch unzweifelhaften Erfolg bestätigten Röntgenphotographien des Schleimhautreliefs, die vor und nach etwa dreiwöchiger Behandlung angefertigt wurden.

i) Unter den **Darmkrankheiten** ist vor allem die chronische Stuhlträgheit als geeignetes Feld für Rohkost im allgemeinen, für Rohgemüse und Rohobst im besonderen bezeichnet worden. Dies ist nichts Neues. Es entspricht durchaus altgewohntem ärztlichen Handeln und weit darüber hinaus volkstümlicher Selbsthilfe Stuhlträger. Daß manche auf die Zugabe reichlicher Obstmenge allzuviel Hoffnung setzen und enttäuscht werden, ist bekannt. Am förderlichsten wirkt sich Obst bei Stuhlträgheit neuromuskulären Ursprunges aus, wenn Rohobst oder Obstsäfte morgens früh nüchtern genommen werden. Als Nachtisch mittags und abends sind die gleichen Mengen viel wirkungsschwächer. Auch unmittelbar vor nächtlicher Bettruhe, 2—3 Stunden nach dem Abendessen, ist sowohl Frischobst wie gekochtes Obst und Dörrobst wirksamer als im unmittelbaren Anschluß an Mahlzeiten.

Weder Rohobst und Rohgemüse, noch Kochsalzarmut der Gesamtkost ist ein unerläßliches Teilstück für erfolgreiche Behandlung und dauerhaften Erfolges bei Stuhlträgheit (sowohl hypoperistaltischer wie spastischer Form) wohl aber ein sehr brauchbares. Die Wirkungsart ist verschieden. Bei dem frühmorgendlichen Genuß von Obst und Obstsäften ist eine von den oberen Darmabschnitten ausgelöste reflektorische oder auch eine im oberen Dünndarm beginnende und sich über den ganzen Darm fortsetzende peristaltische Erregung (sogenannte „lange Wellen") das Wesentliche. Ein Trunk kalten gewöhnlichen Wassers, Mineralwassers, Kaffee u. a. wirkt gleichsinnig; manchmal stärker, manchmal schwächer als Obst. Bei vielen Stuhlträgen sieht man überhaupt keine Auswirkung solcher Maßnahmen. Wichtiger und von viel allgemeinerer Wirksamkeit ist der Gehalt des Obstes an wasserbindendem Material, das in noch quellungsfähigem Zustande in den Dickdarm gelangt (junge Zellulose, Hemizellulosen, Pentosane, Pektine u. a.), wodurch die Kotmasse vermehrt und der Kot vor Austrocknen bewahrt wird. Eine wesentliche Ergänzung, ohne welche sehr oft die reichlichste Obst- uhd Gemüsekost (roh oder gekocht) wirkungslos bleibt, ist kleienhaltiges Brot (S. 55). Ich verweise über diese Fragen auf frühere Publikationen.

Hier möchte ich nur eine bemerkenswerte Erfahrung erwähnen. Beim Einschalten einzelner Rohobst- und Rohgemüsetage oder kurzer Perioden dieser Kost zwischen andere gemischte Kost kommt es bei sehr vielen Menschen nicht zu Förderung des Kotlaufes, sondern geradezu zu Stuhlverhaltung, und man ist genötigt, solchen Persönlichkeiten während jener Kostordnung ein leichtes Abführmittel zu reichen (Magnesia usta oder meist besser wirkend Phenolphthalein). Von Traubenkuren her ist solches paradoxe Verhalten schon altbekannt.

Unbedingt verwerflich ist es, wahllos und ohne genauen Einblick in die Lage des Einzelfalles bei Stuhlträgheit Rohkost zu verordnen bzw. zuzulassen. Dadurch ist schon manches Unglück verursacht worden. Mir sind im Laufe der letzten drei Jahre mehrere Fälle vorgekommen, wo in Wahrheit ein beginnendes stenosierendes Darmcarcinom vorlag, wo Rohkost dann weichen Kot bedingte, so daß der Stuhlgang bequem erfolgte, während die beste Zeit für operatives Handeln verstrich. Ferner auch andere Fälle, wo vielschlingiges Megasigma oder alte Adhäsionen gelegentliche lokale Kotstauung nach sich zog, wo aber alles gut ging, wenn stets für feuchten und geschmeidigen Kot gesorgt wurde. Aber Rohobst und Rohgemüse, wovon oft noch grobstückiges oder stark faseriges Material (namentlich zusammengeballte Schalen von Äpfeln, Pfirsich, Kirschen, Pflaumen, Stachelbeeren, Weintrauben; aber auch schalenfreies Rohmaterial) in den Dickdarm gelangt, brachten bedenkliche Anfälle von Tympanie und Subileus.

Bei Durchfallskrankheiten entspricht es alter Gewohnheit,

vegetabiles Rohmaterial gänzlich zu meiden. Daß dies nicht verallgemeinert werden darf, ist altbekannt, wird aber immer wieder vergessen. Am längsten bekannt ist die Heilkraft rohen Obstes bei indischer Sprue, und zwar in Form reiner Erdbeerkur. Bei Besprechung der einschlägigen Tatsachen berichtete ich (58) auch über erfolgreiche Erdbeerkur bei Sprue aus eigener Erfahrung (Klin. der Darmkrankh. 1921, 314). Inzwischen brachte mir Behandlung mit verschiedenen Obstsorten bei drei weiteren Fällen von Sprue gleichen Erfolg. Ich möchte heute nicht mehr, wie ich es vor 10 Jahren tat, daran festhalten, daß Erdbeeren nur im Notfalle durch andere Obstsorten, Fruchtsäfte und Fruchtspeisen, wie vollreife Bananen, Pfirsiche, Birnen, Ananas, Weintrauben u. a. ersetzt werden sollten. Wichtig ist das Fernhalten von Schalen, was die Verwendung mancher Sorten von Kleinobst verbietet; ferner muß das Rohmaterial in möglichst feiner Verteilung in den Magen gelangen, was natürlich am besten durch sorgsames Kauen, je nach Art des Materials auch durch Zerreiben gewährleistet wird. Zuckerzusatz ist nützlich. Nach einer Woche reiner Obstkur wurde von mir die Kost mit steigenden Mengen frischen Topfenkäses angereichert. Die gleiche Kostordnung erwies sich auch bei anderen Formen von Fettstühlen (Pankreasleiden, Ikterus, Basedow, Lymphosarkomatose des Darmes) als nützlich, bei heilbaren Zuständen sogar den Dauererfolg einleitend; z. B. war bei einem Kranken mit Basedow nach 2 Wochen der für Sprue angegebenen Kost die Neigung zu Fettstühlen restlos überwunden, und der inzwischen durch jene Kost bedingte starke Gewichtsverlust konnte alsbald wettgemacht werden.

Die bisher erwähnten Durchfallskrankheiten sind selten. Aber auch bei den so überaus häufigen Fällen von Enteritis und Enterocolitis werden sehr schöne und durchschlagende Erfolge mit einer Kost erzielt, die durchaus im Rahmen der Obstkur liegt. Dies wurde zuerst aus meiner Wiener Klinik von H. Salomon (75) mitgeteilt [1909; vgl. auch Allgemeine Diätetik (67), S. 861, 617; ferner Klinik der Darmkrankheiten; C. v. Noorden; S. 306, 314, 317 u. a. O.] Zur Verwendung kamen teils reine Zuckerkost, teils Zucker- und Obstsaftkost, teils saftige Obstfrüchte, teils Marzipan als einzige Nahrung. Am wirksamsten als Antidiarrhoikum ist reine Zuckerkost (200—250 g Zucker in Wasser gelöst; ein bis zwei Tage lang). Selbst bei schwerer Bacillenruhr bewährt sich dies, ebenso bei urämischen Durchfällen (Klinik der Darmkrankheiten. S. 319). In Betracht kommen für dieses Verfahren sowohl akute und subakute Durchfallskrankheiten, wie auch chronische Formen; bei letzteren als Einleitung, woran sich dann vorsichtiger Aufbau weiterer Kost anschließt. Ich (61) berichtete vor mehr als drei Jahren, daß nach meinen und H. Salomon's weiteren Erfahrungen die Obstzuckerkur zum Stillen der Diarrhöen nicht nur bei fäulnisdyspeptischen, sondern auch bei gärungsdyspeptischen

Durchfallskrankheiten sich bewährten, daß sich aber nicht allgemeingültig voraussehen ließe, welche Einzelfälle von Durchfallskrankheiten für solche Kuren geeignet sind. Des weiteren sei ein praktisch äußerst wichtiger Satz hier wiederholt, der sich in der „Allgemeinen Diätetik", S. 608 vorfindet (67): „Man macht oft die überraschende Erfahrung, daß nur die Verbindung von Obst und seinen Abkömmlingen mit anderen Speisen Durchfall bringt, während ausschließliche Ernährung mit Früchten und süßen Obstsäften sich geradezu als Heilmittel erweist."

In meinem Wirkungskreise folge ich diesen Grundsätzen seit mehr als 20 Jahren, und viele meiner Schüler sind mir darin gefolgt. Es ist erstaunlich, in wie geringem Ausmaße sich die erwähnte diätetische Methode in der allgemeinen Praxis und auch bei Fachärzten für Verdauungskrankheiten durchgesetzt hat. Ohne Bezugnahme auf vorausgegangene Empfehlungen regte erst in den allerletzten Jahren die Rohkostbewegung an, das Verfahren aufzunehmen, zuerst bei Kindern [G. Fanconi (17) u. a.], dann auch bei Erwachsenen [A. Heisler (25)]. Obwohl ich selbst stets möglichst einheitlicher Kost (d. h. nur eine einzige Art Nahrungsmittel und Zubereitungsform!) bei schwereren Erkrankungen von Magen und Darm zugeneigt bin, scheint mir — wenigstens in bezug auf Erwachsene — H. Heisler zu weit zu gehen, wenn er die Heilkost bei Durchfallskrankheiten nur auf eine einzige Art von Früchten beschränken will (z. B. nur Äpfel oder nur Bananen usw.).

Was nun die Wirkungsweise betrifft, so spielt sicher das Unterdrücken von Fäulnisvorgängen durch die Obst-Zucker-Kost eine namhafte Rolle. Die von Fäulnisprodukten ausgehenden Reize fallen aus. Bei Gärungsdyspeptischen kommt es oftmals bei Obst- und Obstsaftkost im Anfange, aber nur vorübergehend, zu explosiven Diarrhöen mit recht starkem Gastreiben. Wenn dies auch nach 1 bis längstens $1^1/_2$ Tagen überwunden zu sein pflegt, halte ich es doch für vorsichtiger, bei Gärungsdyspeptischen einen reinen Zuckertag vorauszuschicken oder sogar erst einen Fasttag und dann einen Zuckertag.

Ob die fäulniswidrige Kraft der Obstkur das allein Ausschlaggebende ist, möchte ich bezweifeln. Zum Zweifel gibt die Erfahrung Anlaß, daß recht oft eine vorausgegangene starke Indicanurie noch mehrere Tage, selbst eine ganze Woche hindurch fortbestehen kann, nachdem die Durchfälle zum Stillstand gekommen sind, und der Allgemeinzustand sich wesentlich gebessert hat. Ich meine, man muß mit der Möglichkeit und Wahrscheinlichkeit rechnen, daß auch die entzündungswidrige Kraft der höchst salzarmen Kost unmittelbar an den günstigen Erfolgen mitbeteiligt ist. Calcium carbonicum, gleichzeitig mit der Obstkost gegeben, scheint deren Heilwirkung eher zu schwächen als zu verstärken, was wahrscheinlich zusammenhängt mit seiner säurebindenden Kraft. Gerade die Säuren sind bei dem intermikrobiellen Kampfe, den die Umstellung der Kost auf Obst im Darm erweckt, als fäulniswidrig von Belang. Als fäulnisfähig kommen fast nur die Sekrete in Betracht. Daß Calcium carbonicum bei gleichbleibender gemischter Kost die Menge der Ätherschwefelsäuren des Harns, als Wahrzeichen resorbierter aromatischer Fäulnisprodukte, etwas steigern kann, berichtete ich (50) schon vor langer Zeit und begegnete dem hier und da auch später. Intramuskuläre Injektionen von Calcium glyconicum (Vorsicht! S. 26) beeinträchtigen die Heilkraft der Obstkost bei Durchfallskranken nicht; ob sie sie verstärken, kann ich aus bisherigen Erfahrungen noch nicht beurteilen.

k) Bei **fieberhaften Zuständen** verschiedenster Art sind rohe Früchte, Fruchtsäfte, Fruchtsaft-Gefrorenes, fruchtsaftreiche Gerichte, wie z. B. rote Grütze, sehr oft die willkommenste und erfrischendste Kost. Es steht aber nichts im Wege, diese Kost durch gekochtes Obst und Zucker zu ergänzen oder unter Umständen zu ersetzen. Es liegt dies im Sinne der allgemein üblichen Fieberdiät ganz alter Zeiten. Bei kurzdauernden Fieberkrankheiten können die erwähnten Nahrungsmittel die Kost des Tages, wenn auch nicht den energetischen Bedarf decken. Frische Tomaten und zarte Gurken als Beigabe verändern den Charakter der Kost nicht. Zumeist wird man die Kost auch mit Milch, Milchspeisen, einfachen Zerealiengerichten und -gebäcken ausstatten wollen, wogegen grundsätzlich gar keine Bedenken vorliegen, ebensowenig wie gegen Beifügen von Butter, Gemüsen verschiedener Art, Eiern, unter Umständen auch Fleisch. Immerhin sei dringend empfohlen, die Gesamtkost kochsalzarm zu gestalten, weil bei weitaus den meisten fieberhaften akuten Krankheiten entzündliche Vorgänge im Körper mit hoher Wahrscheinlichkeit eine Rolle spielen und die antiphlogistische Heilkraft der salzarmen Kost ausgenützt werden sollte. Des weiteren sei daran erinnert, daß gar kein Grund vorliegt, bei kurzdauernden fieberhaften Krankheiten den wahren Calorienbedarf des Körpers voll zu decken. Substanzverluste holt der Rekonvaleszent spielend wieder ein. Zunächst ist immer reichliche Versorgung mit Kohlenhydraten wesentliches Erfordernis. Darüber hinaus sei an die Anfälligkeit des Magens bei Fiebernden erinnert. Dies mahnt, die etwa im Einzelfalle gegebene Möglichkeit reichlicher Nahrungszufuhr, breiter Auswahl und Mischung der Nahrungsmittel und Gerichte nicht voll auszunützen. Überfütterung Fiebernder und Rekonvaleszenter in bezug auf Menge und Art der Nahrung hat schon gar manchen akuten und chronischen Magenkatarrh nach sich gezogen [C. v. Noorden (68) und H. Salomon].

Bei länger sich hinschleppenden fieberhaften Krankheiten, auch bei solchen, die als akute begannen, ist natürlich die Erwägung, in welchem Maße und mit welchen Mitteln der Calorienbedarf des Körpers gedeckt werden soll, eine wichtige und erfahrungsgemäß sehr oft eine recht schwierige Aufgabe des Arztes. Hierüber lassen sich allgemeingültige Vorschriften nicht aufstellen. Man beachte aber auch hier die häufige Anfälligkeit des Magens. Ein großer Teil der Anorexien, Anaciditäten, Magenkatarrhe der Lungentuberkulösen sind Folgen qualitativ und quantitativ unzweckmäßiger Auffütterung [C. v. Noorden (68) und H. Salomon]. Aus neuzeitlicher Behandlung der Tuberkulösen haben wir aber auch gelernt, daß Kochsalzarmut der Kost wegen ihrer antiphlogistischen Kraft wesentlichen Nutzens sein kann (S. 85). Auf chronisch-septicämische Zustände ist dies ohne weiteres übertragbar. Dies kann ich schon auf Grund eigener Erfahrungen behaupten. Auf die Brauchbarkeit antiphlogistischer Kost bei Phlebitis (S. 82), Prostatitis, Cystitis, Pyelitis, Cholecystitis, Adnexerkrankungen der Frauen sei ausdrücklich hingewiesen.

3. Verschiedene, zum Teil unbekannte Art der Auswirkung.

a) Bei **Migräne** machte bekanntlich M. Gerson seine ersten günstigen Erfahrungen über Heilkraft der Rohkost bzw. kochsalzarmer Ernährung. Was im Hirn selbst und in sonstigen Teilen des Nervensystems die Migräne vorbereitet, auslöst und unterhält, wissen wir nicht. Wir können uns daher nur auf Erfahrung stützen und müssen auf Erklärung verzichten. Wenn auch die im Nervensystem sich abspielenden Vorgänge selbst vielleicht in allen Fällen die gleichen sein mögen, wissen wir doch, daß sehr verschiedene Maßnahmen sowohl das Gesamtleiden mildern, die Anfälle seltener und leichter machen oder sogar gänzlich verhüten, den beginnenden Einzelanfall coupieren können (68). Einheitlich ist nur die Anlage zur migränischen Reaktion. Bei den Einzelpersönlichkeiten ist manchmal der auslösende Reiz stets ein und derselbe, häufiger aber recht mannigfaltig. Die Gerson-Kost bzw. gleichsinnige Abarten derselben sind nur ein herausgegriffenes Stück aus der großen Zahl vorbeugender Maßnahmen. Aber man kann nicht bestreiten, daß sie ein wichtiges und starker Beachtung wertes Stück sind, dessen Heilkraft heranzuziehen und zu erproben bei jedem Einzelfalle berechtigt ist, weil es verhältnismäßig häufig das Richtige trifft. Günstige Beeinflussung von Migräne und Migränoiden ist aber nicht zwangsläufig an solche Kost gebunden. Das heißt letztere erweist sich weder in allen Fällen als hilfreich, noch ist sie die einzige hilfreiche diätetische Methode. Es gibt auch Fälle, die nur in sehr lockerem und undurchsichtigem Zusammenhange mit der Ernährungsform stehen (68).

Ob die Kochsalzarmut den Hintergrund für günstige Auswirkung bildet, möchte ich nicht erörtern. Es scheint mir nicht spruchreif zu sein. Es liegt nahe an schädlichen Einfluß des Chlor-Ions bei Veranlagung zu Migräne zu denken, wie es bei Epileptikern zutrifft. Da auch andere Maßnahmen, die sich gegen regelwidrige Eiweißzersetzungen im Darm richten, sich manchmal bei Migräne recht gut bewähren, ist auch der hemmende Einfluß der Rohkost und anderen vegetabilen Materials auf derartige Vorgänge in Betracht zu ziehen (S. 77, 79, 93).

b) Bei **Zuckerkranken** wurde das reichliche Heranziehen von Rohobst von mir zuerst im Jahre 1910 erwähnt und beschrieben (55). 1200 g Bananenfleisch mit 198 g Kohlenhydrat führten nur 1—2 g mehr Zucker in den Harn über als 105 g Weißbrot mit 62 g Kohlenhydrat. Von dieser Zeit an habe ich steigenden Maßes Rohfruchtkuren ohne Beigabe anderer Nahrung außer dünnem Tee sowohl als Ersatz meiner viel älteren „Haferkur" in Form 3—4tägiger Perioden benützt, wie auch in Form einzelstehender zwischengeschalteter „Obsttage". Über letztere Anwendungsform berichtete mein verstorbener Freund E. Lampé (36) im Jahre 1918 aus unserer damals gemeinsam geführten Frankfurter Privatklinik. Alle Arten von Rohfrüchten erwiesen sich, wie schon Lampé meldete, als geeignet. Die reinen Obsttage oder auch Obst-Salat-Tage oder ferner Reis-Obst-Tage (beschrieben im Verordnungsbuch (66) 1927 und 1929, bei uns jetzt unter dem Namen „Eros-Tage" bekannt) bewährten sich dermaßen, daß ich sie seit etwa 8 Jahren in der Behandlung Zuckerkranker nicht mehr missen möchte. Seit etwa 4 Jahren wurden diese Formen, um etwas breitere Abwechslung zu ermöglichen, oftmals auch mit gedämpftem, salzfrei angerichtetem Gemüse angerichtet (SOD-Tage). Diese Formen haben bei uns die alten Hafertage so gut wie völlig verdrängt. Letztere werden nur noch herangezogen, wenn der Zustand von Magen und Darm das Darreichen von Obst verbietet. Daß die Obsttagekost mit ihren daneben dargereichten, immerhin stark in den Hintergrund tretenden oben erwähnten Ergänzungen sich in bezug auf Glykosurie und Glykämie günstiger auswirken, wenn dabei Kochsalz vermieden wird, ward von mir (62 a) a.a.O. hervorgehoben. Besonders hingewiesen sei auf den hohen Wert der Obsttage und ihrer Abarten im Anfang der Behandlung, im unmittelbaren Anschluß an einen einleitenden Fasttag. Selbst bei recht schweren Fällen bleibt meist ohne Insulin der Harn zucker- und acetonfrei, wenn innerhalb 4—5 Tagen der Kohlenhydratgehalt der Kost von 3—4 auf 5—7 WBE (= 60—80 auf 100—140 Weißbrotwert) gestiegen ist. Auf dieser Grundlage wird dann die weitere Kost entwickelt, wobei ich gewöhnlich mit Zulagen von magerem Fleisch beginne (150—250 g, zubereitet gewogen), während die Fettgaben langsamer ansteigen. An den guten Erfolgen der SOD-Tage ist zweifellos die große Protein- und Fettarmut der Kost stark beteiligt. Ebenso wie ich es seinerzeit für die Haferkuren beschrieb, erhöhen diese in Form von Obst gekleideten Kohlenhydratkuren die Toleranz der Zuckerkranken, aber sicherer und nachhaltiger als die Haferkuren. Ob Insulin herangezogen werden muß, was ich möglichst lange hinausschiebe, hängt von der Lage des Einzelfalles ab.

Bei vorher an starke Insulingaben gewöhnten Patienten erlebt man gar nicht selten 5—6 kg Gewichtssturz innerhalb der 4—5 Obstkurtage, als Beweis, daß das höhere Gewicht durch unerwünschte Wasserstauung bedingt war. Man mache die Patienten von vornherein auf solche Möglichkeit bzw. Wahrscheinlichkeit aufmerksam, da sie sonst über den Gewichtsverlust erschrecken. Die Befreiung von dem Wasserüberschuß ist günstig. Im weiteren Verlauf wird je ein Obsttag wöchentlich die Wiederkehr des höchst unerwünschten, leider oft übersehenen Insulinödems sicher verhüten.

Über Entwässerung der Zuckerkranken und antiphlogistische Auswirkung der kochsalzfreien Kost bei Gangrängefahr usw. vgl. S. 83.

Vergleichende Untersuchungen über die Wirkung gleicher Kohlenhydratmengen in Form von Brot und in Form von Obst auf Glykosurie und Glykämie finden sich in einer Arbeit von F. Lapp und C. Torriani (39) aus meiner Stoffwechselabteilung.

c) Unter den **Erkrankungen des Nervensystems** möchte ich einstweilen nur die Neuritis als unzweifelhaft durch Kochsalzarmut der Kost günstig beeinflußbar hervorheben, einschließlich Ischias und anderer sogenannter Neuralgien, soweit sie den Neuritiden zugehören und nicht psychogen bedingt sind. Namentlich bei den noch frischen Formen, gleichgültig wie bedingt, wirken sich oft schon 5—10tägige Perioden kochsalzarmer Kost mit namhaftem Erfolge aus. Manchmal trifft dies auch zu bei schon lang bestehenden und chronisch gewordenen Neuralgien. Es erscheint mir aber nach bisherigen Erfahrungen nicht ratsam, bei den chronischen Formen weitgehendes Ausschalten von Kochsalz lange Zeit hindurch unentwegt fortzusetzen. Ich bemerkte gerade bei solchen Kranken nach anfänglichen sehr befriedigenden und dankbar anerkannten Erfolgen wesentliche Steigerung der allgemeinen nervösen Erregbarkeit, der wiederzunehmende neuralgische Beschwerden alsbald folgten. Diese Erfahrungen beziehen sich auf Neuritis bei Zuckerkrankheit, bei Gichtikern, bei Nikotin- und Alkoholmißbrauch, bei enterogener Autointoxikation (S. 84, 87, 88); ferner auf Ischias unbekannten Ursprunges. Nachdem gutes Anschlagen der Kost deutlich geworden ist, sollte man nach etwa 2 Wochen der Kur wieder kleine Mengen Salz erlauben, gerade so viel, um die Kost gut schmackhaft zu machen. Dann schalte man wöchentlich 1—2 weitestgehend salzfreie Tage ein (Zickzackkost S. 99) und von Zeit zu Zeit wieder gleichsinnige kurze Perioden solcher Tage (4—5 Tage). Abseits solcher Einschiebsel braucht man sich nicht an Rohkost und auch nicht an rein vegetabile Kost zu halten. Auch gegen Fleisch sind keine Einwände zu erheben;

freilich besteht oft eingeimpfte Fleischphobie und erzeugt nach Fleischgenuß überlagernde Beschwerden.

Bei Neuritiden scheint mir der gute Erfolg von der antiphlogistischen Wirkkraft der kochsalzarmen Kost abzuhängen.

Bei Neurasthenikern ist etwaige gute Auswirkung kochsalzarmer Nahrung und Rohkost im besonderen nicht an die Eigenschaften solcher Ernährungsform gebunden, sondern nur an den suggestiven Einfluß, den sie ausübt. Entgegenstehende Meinung, ebenso wie die Einstellung gegen Fleischgenuß bei Neurasthenikern halte ich für autosuggerierte Irrlehre der Neurologen (vgl. S. 44).

d) Bei **Augenkrankheiten** machte ich einige wenige, aber immerhin bemerkenswerte Erfahrungen über den Einfluß kochsalzarmer Kost bzw. ihrer Unterart „Rohkost".

Daß sie bei diabetischer Neuritis bzw. Neuroretinitis (S. 98) erfreuliche Besserung brachte, kann ich nicht ohne weiteres mit den besonderen Eigenschaften der genannten Kost in Zusammenhang bringen, da der gleiche Erfolg, oft erstaunlichen Maßes und in kurzer Zeit, auch erzielt wird mit jeglicher anderen Kostform, wenn sie nur die Glykosurie, Glykämie und Ketonämie herunterzwingt. Schon frühere Auflagen meiner Monographie über Zuckerkrankheit berichten darüber, lange vor der Insulinzeit, am ausführlichsten die 8. Auflage (1927). Da die oben kurz angedeutete Behandlung mit kurzen aber energischen Obstkuren in gleichem Sinne die Stoffwechsellage bessern, ist die günstige Auswirkung auf die Augen ohne weiteres verständlich. Lipaemia retinalis bildet sich bei Obstkost meist schon binnen 24 Stunden völlig zurück.

Ich habe es nicht zu bereuen, daß ich bei Behandlung solcher diabetischer Augenerkrankungen (auch bei diabetischer Parese der Augenmuskeln) mit Insulin möglichst zurückhielt. Bei dieser Gelegenheit möchte ich es als einen weitverbreiteten Irrtum zurückweisen, daß bei diabetogener Gewebsschädigung irgendwelcher Art Insulin unbedingt erforderlich sei. Wenn man mittels diätetischer Maßnahmen maximalen Erfolg auf die Stoffwechsellage auszuüben vermag, bringt Hinzufügen von Insulin keinerlei Vorteil, manchmal durch Begünstigung von Gewebsquellung sogar Nachteil.

Bei entzündlichen Vorgängen, wie chronischer Conjunctivitis und Blepharitis, wirkt sich der antiphlogistische Einfluß kochsalzarmer Kost deutlich, wenn auch langsam, aus; immerhin scheint die Zuhilfenahme lokaler Behandlung den Heilvorgang zu beschleunigen. In einem Falle bei häufig recidivierender Iritis, deren Ursache nicht erkennbar war, wirkte sich das antiphlogistische Verfahren, freilich erst nach mehreren Wochen, stark bessernd aus.

Am bemerkenswertesten war der Erfolg bei zwei Fällen ungewöhnlich starker und das Sehvermögen schädigender Mouches volantes. Die

Kochsalzbeschränkung wurde nur anfangs kurze Zeit hindurch mit voller Strenge durchgeführt. Vor allem wurde Wert gelegt auf weitestgehende Ausschaltung von Fetten und damit auch von Lipoiden in der Kost.

1. Frau A. B. (etwa 60 Jahre alt) wurde mir im Juli 1930 von dem Augenarzte Dr. F. Rössler in Bozen wegen Blepharitis und insbesondere leichter Verflüssigung des L. Glaskörpers und flottierenden Ausscheidungen in denselben übersandt, mit der Bitte eine diätetische Behandlung dieser Leiden zu versuchen. Der Cholesteringehalt des Blutes betrug damals 310 mgr %. Andere Stoffwechselstörungen lagen nicht vor. Eine 7tägige äußerst strenge kochsalzärmste Kost (Obst, Salate, sonstiges Gemüse in kleinen Mengen, salzfreies Weizen-Schrotbrot) senkte den Cholesterinspiegel auf 205 mgr %. Die Sehkraft des L. Auges besserte sich in dieser Zeit sehr merklich. Des weiteren wurde für häusliche Nachbehandlung eine im allgemeinen salzarme und äußerst fettarme Kost vorgeschrieben mit wöchentlich ein- bis zweimaligem Einschalten von reinen Reis-Obsttagen (äußerst kochsalzarm, ganz fettfrei; nach dem Zickzacksystem). Die Vorschriften wurden genau befolgt. Am 13. Oktober 1930 meldete mir Herr Dr. R. überraschende Besserung auf der ganzen Linie; die Mouches volantes seien kaum noch sichtbar. Am 25. Juli 1931 berichtete Herr Dr. R., daß die oben erwähnten krankhaften Augenstörungen bis auf unwesentliche Reste verschwunden seien, und er betont, welchen enormen Einfluß die Diät ausgeübt habe.

2. Dr. med. C. T. (35 Jahre alt), von Jugend auf ein starker Verzehrer von Fleisch und Fleischfett, muskelstark bei mittlerer Korpulenz, litt an zwei großen und zahlreichen kleinen Mouches volantes beider Augen, die das Sehen wesentlich störten. Nachdem er von dem Erfolg in oben geschildertem Falle gehört und als Hospitant auf meiner Stoffwechselabteilung im Krankenhause der Stadt Wien sich mit den einschlägigen Diätmethoden genau bekannt gemacht hatte, stellte er seine Kost auf fettarme vegetabile Nahrungsmittel um. Zweimal in der Woche wurden salzfreie Obst-Salattage eingeschaltet. Nach 2 Wochen erhebliche Besserung; nach der 3. Woche völliges Verschwinden der Mouches. Zeitweiliges Zurückkehren zur altgewohnten Kost läßt die Mouches alsbald wieder auftreten.

Es liegt mir ferne, aus diesen Beobachtungen weitgehende theoretische Schlüsse zu ziehen. Die Tatsachen sind aber für die praktische Augenheilkunde höchst beachtenswert.

Bei Entwicklung von Tuberkeln im Auge wäre das gleiche diätetische Verfahren mindestens des Versuches wert.

XIV. Über Zickzackkost.

Nur das Wort „Zickzackkost“ (65), das ich zuerst in meinem Berliner Vortrag (65a) am 17. November 1930 gebrauchte, nicht die Sache selbst, ist neu. Aber das Wort bringt am besten zum Ausdruck, wovon hier die Rede sein soll.

Eine Art Zickzackkost erwirkte das uralte Gebot mancher Religionssysteme und Sekten, periodisch wiederkehrende Fasttage innezuhalten. Auch die katholische Kirche führte Fasttage bzw. Fastperioden ein, die sich allerdings später zumeist nur auf das Verbot bestimmter Speisen (Fleisch) in der Fastenzeit beschränkten und Schlemmerei in anderen Gerichten zulassen.

Auch in der Heilkunde spielte das Verordnen einzelner oder mehrerer Hungertage bzw. das Beschränken der Speisen und Getränke auf minimale Größen schon seit alters eine große Rolle, namentlich bei akuten Magendarmstörungen und fieberhaften Erkrankungen, desgleichen seit geraumer Zeit in der Chirurgie nach Bauchoperationen. Ferner erwies sich völliges Fasten oder weitestgehende Beschränkung auf einfachste, kalorisch kaum ins Gewicht fallende Getränke als sehr nützlich zur einleitenden diätetischen Behandlung von Zuckerkranken und bei Nierenentzündungen (S. 71). Die vor etwa 14 Jahren bei Zuckerkranken empfohlenen langgedehnten Hungerkuren erwiesen sich als zwecklose Übertreibung. Neuerdings wurden wieder überaus strenge und langdauernde Hungerkuren bei Fettleibigkeit und bei verschiedenen Formen von Darmkrankheiten herangezogen. Auch dies halte ich für unnötige Übertreibung; denn das erstrebte Ziel ist auch ohne solche scharfe und nicht immer harmlos sich auswirkende Hungerkuren erreichbar. Daß manche Ärzte und laienhafte Gesundheitslehrer über die Auswirkung von Hungerkuren auf die Zellen eine völlig irrige Vorstellung haben, besprach jüngst M. Rubner (72).

Ich will hier aber nicht ausführlicher von Hungerkuren sprechen. Das hierüber kurz Erwähnte bezieht sich nur auf einleitende Behandlungsperioden.

Als gelegentliche oder periodisch wiederkehrende Maßnahme fanden Hungertage zuerst planmäßige Verwendung bei Schwer-Zuckerkranken. Zuerst durch A. Cantani und bald darauf durch B. Naunyn, dann ausgedehnteren Maßes und unter der Bezeichnung „Sonntage für den Stoffwechsel der Zuckerkranken“ durch mich (1910ff.).

Die eigentliche Zickzackkost bedient sich nicht oder doch nur ausnahmsweise der Hungertage. Ich begann mit ihr vor mehr als 30 Jahren bei Zuckerkranken. Wie aus der Literatur wohl bekannt ist, riet ich damals, bei der diätetischen Behandlung Zuckerkranker nicht fortlaufend gleichartige Kost zu verabfolgen, sondern mindestens einmal wöchentlich, je nach den Umständen zweimal Einzeltage, manchmal auch monatlich je eine kürzere Periode (etwa 3—7 Tagen) ganz anders gerichteter Kost einzuschalten. Z. B. zwischen proteinreiche Kost je einen sehr proteinarmen Gemüsetag oder kurze Kohlenhydratperioden. Dieses, später von mir als „Wechselkost“ bezeichnete und allmählich verfeinerte, planmäßiger und mannigfaltiger ausgebaute, diätetische Verfahren sicherte den Dauererfolg erheblich. Die bei Zuckerkranken gewonnene Erfahrung gab dann Veranlassung, das gleiche System — mutatis mutandis — auf fast alle Gruppen chronischer innerer Krankheiten auszudehnen. Und es stellte sich nun heraus, daß man Chronischkranken jeglicher Art an allen anderen Tagen eine sehr viel liberalere Kost gestatten darf, wenn sie nur einmal, unter Umständen zweimal in der Woche, diejenige Kost auf das Schärfste durchführen, welche für ihre minderwertigen Organfunktionen äußerste Schonungskost bedeutet.

Z. B. genügt es für die meisten Gichtkranken, wenn sie ein bis zweimal die Woche einen vollkommen purinfreien Tag einschalten; sie müssen an anderen Wochentagen sich zwar vor übertriebenen Fleischmengen hüten, brauchen sich aber im übrigen um den Puringehalt der Kost nicht zu kümmern.

Es genügt für zahlreiche Fettleibige, ein bis zweimal die Woche eine sehr kalorienarme, aber doch sättigende Kost einzuschalten, wofür Tomaten, Gurken, Radies und frisches Obst sich am meisten eignen[1].

Statt sie dauernd in bezug auf Eiweiß und Kochsalz eine mittlere Linie einhalten zu lassen, ist es für zahlreiche Nierenkranke besser, einzelne Tage oder mehrtägige kurze Perioden höchst eiweiß- und kochsalzarmer Kost einzuschalten und sie in der Zwischenzeit liberaler einzustellen.

Ich könnte das Gesagte in bezug auf die verschiedensten Krankheitsgruppen genauer ausführen, was ich hier aber um so weniger tun will, als das Prinzip zwar nicht durchgängig, wohl aber vielen Ärzten geläufig ist. Z. B. haben alle meine Schüler es seit etwa zwei Jahrzehnten bei mir kennen gelernt. Im übrigen sei auf meinen Aufsatz in „Therapie der Gegenwart" verwiesen (65).

Nur in bezug auf die neuzeitlichen kochsalzarmen Kostformen muß ich Wichtiges zusammenfassen, obwohl schon an anderen Stellen davon die Rede war. Abgesehen von einer bestimmten kleinen Gruppe von Schwer-Nieren- und Schwer-Kreislaufkranken erachte ich es als ganz unnötige Quälerei, Kranke wochenlang und noch länger in den engen Rahmen kochsalzarmer Kostformen, wie z. B. der Bircher-Benner- bzw. Gerson-Kost einzuspannen. Es genügt vollkommen, einleitend 2—4 Tage, längstens eine Woche, Kochsalzentziehung mit äußerster Schärfe durchzuführen. Indem die Gesamtkost im wesentlichen aus Obst, Obstspeisen und gesüßten Wasserreisgerichten, Zucker, Tee oder Kaffee zusammengesetzt wird, enthält sie nicht mehr als etwa $^1/_2$—1 g Kochsalz, also ungemein viel weniger als das, was die Gerson-Hermannsdorfer-Diät gewährt. Dafür wirkt sich die größere Strenge aber auch an den beiden wichtigsten Erfolgsäußerungen der kochsalzarmen Kost, d. h. bei Wasserstauungen und bei entzündlichen Schwellungen, nicht nur von Tag zu Tag, sondern recht oft schon von Vierteltag zu Vierteltag zusehends stark aus. In kürzester Zeit also ist der primäre, unmittelbar erstrebte Erfolg erreicht. Um ihn festzunageln, genügen des weiteren fast immer

[1] Vgl. „Allgem. Diätetik" (67) S. 861, 1027.

zweimal wöchentlich eingeschaltete völlig kochsalzfreie Einzeltage oben beschriebener Strenge. Noch später kommt man meist mit einem solchen Tage wöchentlich aus; nur selten ist es nötig, im Anfange den Abbau der äußersten Strenge langsamer vorzunehmen, d. h. die so gut wie völlig kochsalzfreie Kost zunächst auf 4, dann auf 3 und erst danach auf 2 Tage die Woche zu beschränken.

Gewiß dürfen an den dazwischenliegenden Tagen nicht unmäßige und ganz beliebige Mengen von Kochsalz verzehrt werden. Unsere Verordnung für diese Tage lautet in der Regel:

Verboten sind Pökelwaren aller Art und Mineralwässer. Im übrigen ist sowohl der Küche wie bei Tisch das Salzen erlaubt, jedoch nicht stärkeren Maßes als gerade ausreicht, die Gerichte durchaus schmackhaft zu machen. Nach meinen Berechnungen und Ermittlungen bewirkt diese Regel einen Tagesgesamtverzehr von 5—6, höchstens von 7 g Kochsalz (den integralen Gehalt der Nahrungsmittel an Kochsalz eingeschlossen).

Man versteht, was Ersatz der geraden Linie kochsalzarmer Dauerkost durch die Zickzacklinie angenehmer, gesalzter Kost einerseits und — praktisch genommen — wahrhaft kochsalzfreier Obsttage und dergleichen andererseits für die Verzehrer, aber auch für den verantwortlichen Arzt und die Ernährungstechnik bedeutet. Eine reiche Fülle wertvoller Gerichte, namentlich aus den Gruppen der Gemüse, der Teigwaren, der Mehlspeisen, aber auch der Fleisch-, Fisch-, Eier- und Milchgerichte wird wieder in die Reihe der wahrhaft schmackhaften erhoben und sichert die so überaus wichtige große Breite der Abwechslung, während jetzt nur eine Massenpsychose die Schmackhaftigkeit solcher gänzlich ungesalzener Gerichte dem Verzehrer suggeriert (S. 73). Das gleiche läßt sich übertragen als Ratschlag für kochsalzarme Ernährung in Familien- und Volkskost.

Was ich hier über Wirkkraft und Anwendungsbreite kochsalzfreier Schalttage ausführte, ist keineswegs neu. Es ward schon in der „Allgem. Diätetik, S. 931" vor 10 Jahren kurz, aber sachlich klar und ausführlich beschrieben (67).

Ich vertrete also den Standpunkt: Wenn man zu therapeutischen Zwecken einen Kranken von überschüssigem Kochsalz befreien will, so bediene man sich dazu sofort der energischsten Maßnahmen und verordne Nahrungsmittel, Speisen und Getränke, die praktisch genommen kochsalzfrei sind und zu deren Bereitung weder die beste noch die schlechteste Köchin jemals Kochsalz hinzufügen wird. Man halte sich des weiteren dann an den beschriebenen Zickzackkurs.

Man erziehe in Lehrküchen die Schülerinnen zum schwachen Salzen, nicht aber nur einseitig zum Herstellen von Gerichten, die des Salzens bedürfen und ohne Salz eher negativen als positiven Genußwert besitzen. Sie sollen gewiß auch lernen, für ganz bestimmte aber doch seltene Notwendigkeiten Gemüse-, Fleisch-, Fisch-, Eierspeisen u. a. ohne Salz, unter Umständen mit Ersatzmitteln für Salz, herzustellen. Dies aber nur ganz nebenbei. Das Herstellen gänzlich ungesalzter Speisen jener Gruppe zu einem Hauptstück des Lehrganges und zu einem Hauptstück der Krankenkost oder gar der Familien- und Gasthauskost zu machen, könnte nur in Verhunzung der gesamten Kochkunst sich auswirken. Leider wähnen gar viele Zöglinge der jetzt weitverbreiteten Kochschulen vollwertige Adepten neuzeitlicher Ernährungslehre, zu eingeweihten Verkündern neuer Lehre und zu Aposteln zwecks früher nie geahnter Hebung der Volksernährung und Volksgesundheit berufen zu sein, wenn sie nur gelernt haben, Obstsalate[1] und sonstige Gerichte salzlos und ohne Verlust von Nährsalzen und Vitaminen (S. 18, 61) herzustellen. In Wirklichkeit gehört dies aber nur, zum Abc der Kochkunst und der Ernährungslehre.

In bezug auf Ernährung bei allen chronischen krankhaften Zuständen wo es irgend angeht, und vor allem auch übergreifend auf die Ernährung Gesunder, sowohl Heranwachsender wie Erwachsener und Alternder, möchte ich an einen Satz ankünpfen, der sich in der vor etwa 2 Jahren erschienenen Monographie über spezielle Diätetik der Magenkrankheiten findet: „Wir haben bei allen chronischen Krankheitszuständen immer Bedenken getragen, einseitig gerichtete Kostformen ununterbrochen fortzuführen, wenn es nicht dringend notwendig war. Daher ließen wir bei langgestreckten rein vegetabilen und ovo-lakto-vegetabilen Kostformen — von diesen war an zitierter Stelle die Rede — „das Einerlei meist ein- bis zweimal wöchentlich durch eine anders gerichtete, aber der Lage des Falles entsprechende Kost ersetzen. Wir messen diesem Grundsatze bei chronischen, diätetische Behandlung heischenden Krankheiten allgemein-therapeutische Bedeutung zu“ (68).

Ratschläge für Art der Umstellung und in bezug auf bestimmte Krankheitsgruppen gehören in die spezielle Pathologie und Therapie. Wichtiger erscheint mir hier der jetzt auf langjährige Erfahrung gestützte Rat an die Allgemeinheit der Ärzte, darauf hinzuwirken, daß der erwähnte Grundsatz auch auf die Ernährung Gesunder übertragen und auf die gesamte Volksernährung ausgedehnt werde.

Es komme auch diese auf eine Art Zickzackkurs der Ernährung hinaus. Teilweise, aber doch nur unvollkommen, hat ja die Volksernährung ganz automatisch, teils aus religiösen, teils aus wirtschaftlichen Gründen, diesen Weg betreten. Ich folgte seit etwa 17 Jahren, planmäßig freilich erst seit Überwindung der Kriegs- und Nachkriegskost, bei diätetischen Ratschlägen für gesunde Einzelpersonen und ganze Familien diesem Grundsatze und kann versichern, daß ich reichen Dank dafür

[1] Das Wort „Obstsalat“ ist sprachlich falsch. Das Wort „Salat“ weist auf gesalztes hin. Was man jetzt Obstsalat nennt, führt die alte französische Küche unter dem Namen „Macedoine de fruits rafraichis“, was man am besten mit „gekühltes Frucht-Allerlei“ übersetzt.

erntete, da das Befolgen des Ratschlages sich auf das Gesundheitsgefühl stark auswirkte. Auch ohne mein Zutun haben zahlreiche Patienten, Männer und Frauen, denen ich mit Rücksicht auf ihren Krankheitszustand entsprechenden Rat gab, solche Kontrasternährungstage in ihren Familien eingeführt (Kinder und Dienstboten inbegriffen) und schilderten mir, mit welcher Begeisterung dies aufgenommen und durchgeführt wird, eine wie angenehme Abwechslung dies bringe, und welchen günstigen Einfluß das System auf körperliches Befinden und Stimmung ausübe. Es liegt im Sinne dieser Abhandlung, wenn ich erwähne, daß als Kontraststück zur gewohnheitsmäßigen Hausmannkost meist Obst, Obstgerichte und fettarme gesüßte Mehlspeisen herangezogen wurden, und zwar weil gerade solche Kost das Maximum des Kontrastes darstellte. Daß dadurch automatisch sowohl gegen Übersalzung des Körpers wie auch gegen mästende Überfütterung eingewirkt wird, brauche ich nicht weiter auszuführen. Andererseits haben auch manche Familien, die völlig oder nahezu völlig fleichlos sich zu beköstigen gewohnt waren, ein- bis zweimal wöchentlich einen Tag mit reichlichem Fleischgenuß eingeführt, sicher nicht zum Schaden ihrer Gesundheit.

Es ist klar, daß der periodische Wechsel zwischen Kostformen, deren Grundstoffe und Zubereitungsform stark voneinander abweichen, auf die mit Verdauung, intermediärer Verarbeitung, mit Ausscheidung der Abbauprodukte betrauten Organe ganz verschiedenen Einfluß ausüben müssen. Die eine Kostform belastet bestimmte Organe höheren Maßes, entlastet andere; die Kontrastkost entlastet jene, belastet diese mehr. Es läßt sich dies verfolgen von der Mundverdauung an bis zu den Ausscheidungsorganen. Es ist ein System wechselstarker Betätigung der diensttuenden Organe, ein Wechsel im Sinne der „Schonungstherapie" und der „Übungstherapie", die auch auf prophylaktische Therapie ausgedehnt werden muß und vergleichbar ist dem Wechsel zwischen Wachen und Schlaf, zwischen Arbeitstagen und Sonntag, zwischen Arbeitsmonaten und Erholungswochen.

XV. Einfluß von Rohkost auf volkswirtschaftliche Belange.

In bezug auf Krankenkost und damit in bezug auf rein ärztlich-therapeutische Belange dürfen volkswirtschaftliche Gesichtspunkte grundsätzlich keine Geltung beanspruchen. Auch auf Prophylaxis muß dies ausgedehnt werden. Hierbei müssen für Nahrungsmittel die gleichen Grundsätze gelten, wie sie allerorts für Medikamente als selbstverständlich anerkannt sind. Ich brauche nur zu erinnern an die zahlreichen alkaloidhaltigen Drogen, die wir aus dem Auslande stets bezogen haben und weiter beziehen müssen; ferner an manche Hormone, wie Schilddrüsenpräparate und Insulin, die eine Zeitlang nur oder doch in besserer

Beschaffenheit (jetzt nicht mehr) im Ausland hergestellt wurden. Freilich hat sich bei uns zeitweilig, periodisch auf- und abschwankend, in bezug auf Medikamente ein beklagenswerter Unfug geltend gemacht, indem vielen ausländischen „Spezialitäten" ärztlicherseits ein höherer Rang beigemessen wurde, als entsprechenden heimischen Präparaten, und auch ein höherer, als sie tatsächlich verdienten. Manche Ärzte verordneten die Fremdpräparate sogar absichtlich und planmäßig, weil sie den Eindruck des neuen und unbekannten ausnützen wollten, ein sehr magerer psychotherapeutischer Trick. Jene Ärzte waren sich sicher nicht bewußt, in welchem Maße solches Verfahren dazu beigetragen hat, fremdländische Mischpräparate, u. a. und vor allem auch Kosmetika bei uns volkstümlich zu machen. Die Überschwemmung des deutschen und österreichischen Marktes mit derartigen Präparaten war nicht immer frei von „Dumping". Gar manche wurden bei uns trotz hoher Zölle erheblich billiger verkauft als an ihrer Ursprungsstelle in London, Paris, New York.

Wie bei Medikamenten ist auch für Wahl von Nahrungsmitteln der ärztliche Einfluß von ausschlaggebender Tragweite. Trotz des oben vertretenen Standpunktes, daß man für Kranke das beste und geeignetste an Nahrungsmitteln auswählen soll, was erreichbar ist, hat aber doch der Arzt die Pflicht, volkswirtschaftliche Rücksichten zu nehmen und Auslandsware beiseite zu schieben, wenn sie ohne Nachteil für den Kranken durch inländische Produkte ersetzbar ist. Er darf nicht unbegründeter Mode folgen, und er darf nicht hereinfallen auf die hemmungslose Reklame, die sich zugunsten fremdländischen Exportes und inländischer Importeure von Nahrungsmitteln in aufdringlicher Weise breit macht. Das läge weit ab von ärztlichen Gesichtspunkten. Auf einige Mißstände, die sich teils allmählich, teils stürmischen Schrittes entwickelt haben, wird im folgenden Bezug genommen.

Die schon alte Rohkostbewegung beschränkte sich trotz reichlicher Werbungsversuche früher immer nur auf kleine und verstreute Kreise. Sie belastete damit nicht nennenswert die volkswirtschaftlichen Belange. Volkstümlich wurde jene Bewegung erst durch Aufnahme der Rohkost in das therapeutische Rüstzeug der Ärzte. Daß dies sich an den Namen M. Gerson's knüpft, wird die Geschichte der Medizin und der Ernährungslehre stets dankbar anerkennen (S. 2).

Erst die auf weitestgehende Aufnahme der Rohkost in die Volksernährung hinzielende neuzeitliche Propaganda bedroht volkswirtschaftliche Belange und hat sowohl in Deutschland und in Österreich, wie auch in anderen Ländern Mitteleuropas in einer Periode stärkster wirtschaftlicher Depression sich leider schon in diesem Sinne ausgewirkt. Da dies Volksernährungsfragen, also ein durchaus im Bereiche ärztlicher Zuständigkeit liegendes Gebiet betrifft, müssen die Ärzte und ebenso weite Kreise der Verbraucher darüber einigermaßen unterrichtet sein. Wenn ich hier dazu das Wort ergreife, wie ich es schon vielfach im Handbuch der allgemeinen Diätetik vor 11 Jahren tat, darf ich das damit rechtfertigen, daß ich schon seit jungen Jahren mich über alle einschlägigen Fragen auf dem laufenden gehalten habe und während geraumer Zeit auch dienstlich damit zu tun hatte.

Ausgedehnte Verbreitung vegetabiler Rohkost würde bei uns unerträgliche volkswirtschaftliche Belastung nach sich ziehen. Weder Deutschland noch das verstümmelte Österreich ist auch nur annähernd in der Lage, entsprechende Mengen einwandfreier *frischer, roher* vegetabilischer Lebensmittel zu liefern, vor allem nicht während 6—7 Monaten des Jahres. Bereits vor voller Auswirkung der Rohkostpropaganda hat in beiden Ländern der Tribut an das Ausland für Lebensmittel aus den Gemüse- und Obstgruppen eine erschreckende Höhe erreicht. Die Höchstwerte für das Einfuhrgut waren

in Deutschland:	für Küchengewächse, Gemüse und dgl.	143	Millionen RM.
	„ Obst	225	„ „
	„ Südfrüchte	252	„ „
	zusammen nahezu	$^3/_4$	Milliarden RM.
in Österreich:	für Gemüse	21	Millionen Schilling
	„ Obst	41	„ „
	„ Südfrüchte	40	„ „
		102	Millionen Schilling

Im Laufe der letzten beiden Halbjahre ist die Einfuhr in beiden Ländern etwas zurückgegangen, was aber sicher nicht auf minderes Begehren von Auslandsprodukten, sondern nur auf verringerte Kaufkraft zurückzuführen ist.

Mit vollem Rechte wird von land- und volkswirtschaftlicher Seite, desgleichen von breiten Schichten der Bevölkerung wesentlich größere und vor allem verfeinerte Anzucht von *Gemüsen* und *Obst* gefordert. Manche Gewohnheiten und Unarten des Gemüse- und Obstanbaues sind freilich auszuschalten, namentlich die an die alte beklagenswerte Kleinstaaterei und Eigenbrötelei erinnernde Sucht nach Anbau möglichst vielerlei Einzelsorten gleicher Gattung, was den neuzeitlichen Großmarktverhältnissen durchaus nicht mehr entspricht und was unbedingt in den Kunstgärtnerkleinbetrieb zurückgedrängt werden muß. Ich muß daran erinnern, daß Holland und Belgien, an die Deutschland jährlich sehr große, Österreich verhältnismäßig kleine Summen für Gemüse zahlt, uns mit durchaus einheitlicher, der Jahreszeit entsprechender Ware versorgen. Nordamerika hat seinen gewaltigen Export von Äpfeln mit ganz wenigen Sorten begründet. Südtirol hat, seitdem ihm die Transportverhältnisse vor etwa einem Jahrhundert starke Ausfuhr ermöglichten, in bezug auf Obst den gleichen Weg eingeschlagen; in Deutschland haben vor allem Baden und die niederrheinischen Gebiete damit schon Erfolg erzielt.

Keine Frage, daß auch die Pflege von heimischen Gemüse- und Obstwaren aller Art zwischen Ernte und Verzehr, und daß ferner die Transportverhältnisse dieser Waren sowohl in Deutschland wie in Österreich nachdrücklicher Fürsorge und Besserung bedürfen. Es wird teilweise noch mit ganz altmodischen, unwirtschaftlichen und unhygienischen Methoden bei uns gearbeitet. Vgl. S. 61, 62.

Vor allem muß aber die Bevölkerung selbst mithelfen und ebenso, wie unter allen anderen Waren auch — und zwar ganz besonders — unter den Lebensmitteln die inländischen Produkte bevorzugen und nachdrücklich verlangen. Nur dies gibt der Landwirtschaft — ich fasse diesen Begriff im weitesten Sinne des Wortes — den unentbehrlichen und einzig natürlichen Antrieb zu fortschrittlichen Neuerungen und zur dringend erforderlichen Anpassung der Produktion an die qualitative und quantitative Aufnahmefähigkeit des Marktes. Wir stehen ganz anders da wie fast alle anderen Länder. Weder Deutschland noch Österreich hat einen nennenswerten Export an Vegetabilien und — mit geringen Ausnahmen — auch von Animalien. Der inländische landwirtschaftliche Produzent ist bei uns so gut wie ganz auf inländische Käufer angewiesen. Dessen zu gedenken und danach zu handeln ist auch des Käufers unabweisbare Pflicht. Man gedenke der Verhältnisse im internationalen Handel, wo jeder vernünftige Handelsverkehr- und -vertrag auf Grundlage des alten Grundsatzes: „Do, ut des" aufgebaut ist, was man in bezug auf die Wechselbeziehungen zwischen Handel, Industrie, Arbeiterschaft, Stadtbevölkerung einerseits, Landwirtschaft andererseits, mit den Worten übersetzen könnte in: „Ich kaufe, damit du kaufst". Für den vorliegenden Zweck ist aber eine andere, psychologisch richtigere Übersetzung angezeigt, und zwar in die alten deutschen Worte: „Treue um Treue". Ich glaube, daß kein patriotisch gesinnter Staatsbürger in Deutschland und Österreich grundsätzlich anders denkt.

Trotzdem aber ist es um diese Pflichtverbundenheit in der Wirklichkeit übel bestellt. Man trifft jetzt selbst in kleinen Landstädten und sogar Dörfern aufdringliche Massenauslagen landfremder Obstwaren; in einigermaßen ansehnlichen Städten auch von fremdländischen frischen Gemüsen. Ich will hier nicht erörtern, in welchem Maße dies notwendig und zulässig ist in bestimmten Jahreszeiten und in Jahren mißratener Ernte, wo die Auslandsware als Ersatz für mangelndes heimisches Material dient. Geradezu empörend ist es aber, daß man selbst in obst- und gemüsereichen Gebieten und, zwar geringeren aber doch beschämend großen Umfanges, sogar auf Höhe der Produktionssaison der gleichen Erscheinung begegnet. Da ich mich von Jugend auf sowohl mit Gemüse- und Obstbau und einschlägigen Fragen recht eingehend beschäftigt habe, bin ich diesen Abwegigkeiten des Nahrungsmittelmarktes seit Jahrzehnten auch persönlich nachgegangen. Ohne in Einzelheiten einzutreten, möchte ich ausdrücklich bemerken, daß die gerügten Tatsachen nur sehr wenig mit geschmacklichen Fragen zu tun haben. Teils durch Reklame, die nicht immer von zielbewußtem „Dumping" frei war, teils durch bewunderswerte und verführerische Gleichmäßigkeit, Gesundheit, gute Verpackung und Aufmachung, teils durch trefflichst organisierte Beförderung vom Erzeuger bis zum Kleinhändler, teils durch die leidige Sucht, Fremdes für das Bessere zu halten, ist die Überschwemmung Deutschlands und Österreichs mit Fremdgemüse und Obst bewirkt worden. Händler klagen, die heimische treffliche Ware, selbst aus nächster Umgebung, ginge ihnen oft nicht mit hinreichender Pünktlichkeit und Gleichmäßigkeit zu; oder sie erzählen bei Befragen, die heutige Generation städtischer Käufer kenne ja gar nicht mehr die außerordentlichen Vorzüge altbewährter heimischer Obstsorten, namentlich aus der Äpfel- und Birnengruppe, und weil die Käufer überhaupt keine Sortenkenntnis mehr hätten, erfolgten auch viel weniger als vor dem Kriege frühzeitige, feste Bestellungen und Abschlüsse auf Lieferung bestimmter Obstsorten. Andererseits klagen Obstzüchter, sie könnten ihre besten Äpfel und Winterbirnen nicht mehr zu lohnenden Preisen absetzen. Öfters hörte ich Obstzüchter klagen, es lohne sich nicht mehr, viel Geld, Zeit und Arbeit auf Obstbaumpflege zu verwenden; in Anbetracht des vielen ausländischen Obstes sei es zu unsicher, ob selbst die beliebtesten heimischen Baumfrüchte mit Verdienst verkäuflich sein würden. Im Sinne des Gesagten ist bemerkenswert, daß vom Beginn des Winters an zum Rohgenuß einladende Winteräpfel und -birnen österreichischer Herkunft in führenden Geschäften Wiens für Geld und gute Worte überhaupt nicht erhältlich waren.

Die hier vorgebrachten Bedenken gegen weitgehende Überfremdung des Obstmarktes in Deutschland und Österreich beziehen sich zunächst auf alle Obstfrüchte, die auch bei uns heimisch sind; bei der einen Gattung mehr, bei der anderen weniger. Sie beziehen sich des weiteren auf überaus zahlreiche Gemüse- und Obstkonserven.

In bezug auf manche Südfrüchte lassen sich Gründe für Einfuhr beibringen. Die Dinge liegen hier anders als bei Äpfeln, Birnen und sonstigen bei uns beheimateten Früchten, deren Produktion wir allmählich wieder dem Bedarf werden anpassen können. Es handelt sich vielmehr um Obstfrüchte, die bei uns zwar volkstümlich geworden sind, die aber weder das verstümmelte Österreich noch das seiner Kolonien beraubte Deutschland selber züchten können. Von rein wirtschaftlichem Standpunkte aus wäre es ja erwünscht, wenn wir derartige Einfuhr aus dem Auslande überhaupt ablehnten. Es ist aber auch altgewohnter psychologischer Einstellung der Verbraucher, alten Gewohnheiten der

Küche und teilweise auch wahrem Bedarf Rechnung zu tragen. Es ist des weiteren anzuerkennen, daß den ins Gewicht fallenden und bei uns besonders beliebt gewordenen Südfrüchten zweifellos neben den Geschmackswerten auch wahre kalorische Nährwerte beiwohnen.

Da es durchaus Auslandware ist, deren wahre Nährwerte trotz anscheinender Billigkeit im Verhältnis zu den Nährwerten heimischen Materials kostspielig sind, müssen wir scharf scheiden zwischen ihrer Verwendung als Genußmittel, im volkstümlichen Sinne letzteren Wortes, und ihrer Verwendung als energiespendende Nahrungsmittel.

Als erfrischende und Abwechslung spendende Genußmittel werden wir sie alle anerkennen und zulassen müssen. Als energiespendende Nahrungsmittel, die wir zahlenmäßig der für die Bevölkerung als Ganzes und für den einzelnen Haushalt verfügbaren Nährwertsumme zuzuaddieren hätten, sind sie bei der durch die Friedensschlüsse geschaffenen wirtschaftlichen Lage Deutschlands und Österreichs zu teuer. Dies ist als allgemeingiltig vorauszuschicken, um so mehr, als den meisten Südfrüchten ja — wie gesagt — neben dem Geschmackswerte zweifellos auch tatsächlich Nährwerte zukommen, die sie in ihren Ursprungsländern zu wichtigen Lebensmitteln stempeln.

Auf einzelne Südfrüchte gehe ich etwas genauer ein, nur praktisch Wichtiges herausgreifend.

Daß Mandeln und Nüsse aller Art im Laufe der letzten Jahre zu unrecht weit höheren Maßes als früher unsere Handelsbilanz belasten, wurde zweifellos großenteils durch die Ausbreitung extremer Richtungen des Vegetarianismus bedingt. Weniger Auslandsnüsse und Mandeln kaufen, mehr Milch, Butter und deutschen Käse kaufen und essen, sei die Losung. Es ist gesünder, weit billiger und hilft unserer Landwirtschaft. Für Mandeln und Nüsse aller Art zahlt Deutschland mehr als 60 Millionen RM., Österreich etwa 10 Millionen Schilling jährlich ans Ausland (S. 70).

Feigen, Datteln, Rosinen, Korinthen in getrocknetem Zustand sind altgewohnte Gäste bei uns. Als geschmackliche Genußmittel, zu gelegentlichem Gebrauche, sind sie natürlich ohne weiteres zulässig. Die verschiedenen Sorten getrockneter Weintrauben sind, entsprechend der ganzen Entwicklung, die Küche und Bäckerei im Laufe eines Jahrhunderts bei uns genommen haben, geradezu unentbehrlich geworden. In diesem Rahmen verblieb auch tatsächlich vor dem Kriege und dann nach dem Kriege bis vor wenigen Jahren ihre Anwendung. Anders zu beurteilen ist die neuerliche Gewohnheit, jene Südfrüchte bei uns als Volksnahrungsmittel mit dem Range bedeutsamer Nährwert- und Energiespender zu empfehlen. In ihrer Heimat gebührt den Feigen, Datteln, Weintrauben (als Frisch- und Trockenware) solcher

Rang. Als Kraftspender sind sie aber, wie schon erwähnt, für uns durchaus unwirtschaftlich.

Die Banane hat inzwischen gleichfalls bei uns großen Maßes willige Aufnahme gefunden. Es ist die einzige Obstfrucht der Subtropen und Tropen, die dies als Frischware in der Volkskost erreicht hat. Wenn man in Betracht zieht, daß Deutschland im Jahre 1913 für etwa 13 Millionen, im Jahre 1929 für etwa 48 Millionen Mark Bananen importierte, Österreich seiner Kleinheit entsprechend weniger, so sehen wir uns vor eine elementare Entwicklung gestellt, deren volkswirtschaftliche Tragweite natürlich ohne genaueste Erwägung aller Umstände und namentlich aller damit verknüpften Handelsbeziehungen nicht beurteilt werden kann. Da ich die Kenntnis über den Stand der einschlägigen Fragen nicht beschaffen konnte, kann ich darüber nur wenige allgemeine Bemerkungen einflechten, möchte aber Einiges über die Banane selbst berichten.

Schon vor mehr als 10 Jahren äußerte ich mich (56, 67) im Rahmen einer ausführlichen Besprechung darüber ungefähr mit den Worten: „Was uns die Kartoffel, ist den Bewohnern der Tropen und Subtropen die Banane. Dies charakterisiert schon ihren großen Nährwert, ihre Bedeutung als Nahrungsmittel und gleichzeitig ihre Bekömmlichkeit. Sie gehört in der Tat zu den nahrhaftesten Obstfrüchten, berechnet auf die Gewichtseinheit eßbarer Substanz". Die Banane ist auf breiterer Grundlage als irgend eine andere Südfrucht bei verschiedensten Krankheitszuständen empfohlen worden und errang auch für die Ernährung des Kleinkindes einen gewissen Rang (V. Czerny u. a.). Da sie des weiteren vom hygienischen Standpunkt aus einwandfrei ist, verdient die Banane als Frucht, unabhängig von der Frage, ob sie wirtschaftlich berechtigt ist, eine gute Note.

Soweit die Banane im Rahmen eines angenehmen geschmacklichen Genußmittels für Gesunde bleibt und auf ärztlichen Rat der Krankenernährung dient, muß sie uns ohne weiteres zugänglich sein, und sie verdient für diese Zwecke um so mehr Beachtung, als durchschnittlich für gleichen Preis mehr wahre Nährwerte in Form einwandfreier Bananen zu erlangen sind, als in Form anderer Südfrüchte gleich vollkommener Beschaffenheit.

Ich betone dies, weil von anderen Südfrüchten uns viele minderwertige Ware zugeht. Z. B. wurde sowohl in Deutschland wie in Österreich von den Verbrauchern, im Gegensatz zu früher, vielfach über die Beschaffenheit der volkstümlichen billigen Orangen des Jahrganges 1930 geklagt. Wirklich gute Orangen waren nur zu Preisen erhältlich, die für breite Volksschichten untragbar waren. Auch wurde von Hausfrauen geklagt, daß sie für gleiches Geld zwar ebenso viele Zitronen wie früher kaufen könnten, daß es aber schwer sei, Zitronen gleichen Saftgehaltes wie früher zu erhalten. Solchen Mißständen entgegenzutreten, ist Aufgabe der Marktpolizei. Solche Übelstände können natürlich begründet sein in dem Jahrescharakter der Früchte, der ähnlichen Schwankungen ausgesetzt ist wie die Güte der Weintrauben und anderer Früchte bei uns. Es ist aber auch möglich, daß uns viel Ausschußware geliefert wurde. Die breite Masse der Verbraucher hat bei uns für die erwähnten Qualitätsverschiedenheiten der importierten Früchte leider kein Verständnis. Kurz erwähnt sei, daß in Polen vor kurzem die Einfuhr bestimmter Sorten von Übersee-Äpfeln verboten wurde, weil in den Schalen beachtenswerte Mengen von Arsenik gefunden ward. (Bespritzen der Äpfel mit arsenhaltigem Material zwecks Vernichtung von Ungeziefer und zwecks Erzielung besserer Haltbarkeit.)

Zurückgreifend auf die Bemerkungen über Bananen möchte ich als wahrscheinlich bezeichnen, daß zukünftig sich wohl die Halbtrockenbanane, auch „Feigenbanane" genannt, vor den Frischbananen in den Vordergrund schieben wird. Letztere werden unreif geerntet, müssen bei uns nachreifen, ohne aber jemals die volle Schmackhaftigkeit natürlich gereifter Frucht zu erreichen. Umständliche Verpackung und Verfrachtung, ferner starke Verluste durch Verderben sind beim Preise der Händler mit eingerechnet. Die Feigenbanane wird gewonnen durch sehr vorsichtiges Trocknen der am Ursprungsorte gereiften Banane und ist auf lange Zeit hin vor Verderben geschützt. Es ist einstweilen noch nicht zu übersehen, ob die Feigenbananen so viel billiger als die Frischbananen den Verbrauchern zugänglich gemacht werden können, daß sie bei uns zu breiterer Verwendung empfohlen werden dürfen. Einstweilen ist dies noch nicht der Fall. Immerhin sei erwähnt, daß mir Feigenbananen unter dem Namen „Likomba" bekannt wurden, die auf Pflanzungen Hamburger Kaufleute in Kamerun gewachsen sind und auf Schiffen deutscher Reeder nach Hamburg gelangen. In Frankfurt war diese Marke vor 2 Jahren ziemlich verbreitet.

Orangen, Tomaten, Zitronen kennen wir als sehr vitaminreiche Früchte. Kein Wunder, daß seit Bekanntwerden dieser Tatsache und namentlich seit der Rohkostpropaganda gerade diese Früchte ungemein stark aus dem Auslande begehrt wurden. Für diese 3 Fruchtarten zusammen zahlte im Jahre 1929 Deutschland rund 135 Millionen RM., Österreich rund 10 Millionen Schilling ans Ausland. Sowohl in Deutschland wie in Wien lernte ich Menschen kennen, die mit jedem Pfennig bzw. Groschen rechnen mußten und dringend nährwertreicher Kost bedurften. Jeden entbehrlichen Pfennig und Groschen, im ganzen eine für ihre Verhältnisse bedeutende Summe, verwandten sie aber — ihrem Vitaminpopanz zuliebe — zur Gewinnung von $^3/_{10}$ oder gar $^1/_2$ Liter Preßsaft aus Orangen, Zitronen, Tomaten (einzeln oder gemischt), während die gleiche Geldsumme beim Einkauf von Milch ihnen und ihren Familien viel bessere Dienste geleistet und ihnen ein Vielfaches an Nährwerten mit Einschluß reichlicher Vitamine geliefert hätte. In Wirklichkeit genügen die Vitamine unserer heimischen Früchte, Blatt- und Knollengemüse vollauf, und wenn dazu gelegentlich und bescheidenen Maßes Orange oder Zitrone hinzukommt, wie es ja seit vielen

Jahrzehnten selbst in kleinen Dörfern Deutschlands und Österreichs bereits der Fall war, so ist wahrhaftig nichts dagegen zu sagen. Gegen die Überflutung mit Orangen, wozu der Vitaminrummel führte, ist aber scharfer Protest am Platze.

Tomaten gehören mehr zu den Obstfrüchten als zu den Gemüsen. Sie belasten mit 30 Millionen RM. jährlich die Handelsbilanz in Deutschland, mit einer entsprechend geringeren Summe in Österreich. Tomaten, und zwar allerbeste Arten, gedeihen nach vorliegenden Erfahrungen auch in vielen Teilen Deutschlands so ergiebig und vortrefflich, daß man mit deutscher Ware fast den ganzen Tomaten-Vitaminbedarf Deutschlands decken könnte. In Österreich dürfte das wohl kaum anders liegen.

Nur während etwa 4—6 Wochen des Jahres, d. h. vor ihrer Reifezeit in unserem Klima, hat Einfuhr von Tomaten eine gewisse Berechtigung. Bis weit in die warme Jahreszeit hinein können Tomaten der vorausgegangenen Ernte in Kühlhäusern frisch erhalten werden. Als ganze Frucht eingemachte Tomaten behaupten ihren Vitamingehalt; bei Tomatenmus ist dies weniger sicher.

Der Zitrone wollen und sollen wir ihre küchentechnische Bedeutung und Unentbehrlichkeit durchaus nicht aberkennen; sie sei sogar wegen ihres Vitaminreichtums als gelegentliche Beikost ausdrücklich hervorgehoben. Wohl aber muß auf das entschiedenste die weit verbreitete Ansicht bekämpft werden, daß Zitronensaft bekömmlicher sei als unser guter alter Essig. Es gibt ganz vereinzelte krankhafte Zustände, wo die bessere Bekömmlichkeit zutrifft. Im großen und ganzen ist jene Ansicht falsch, u. a. auch in bezug auf Nierenkranke (S. 28).

Indem ich dieses ausspreche, möchte ich die Bemerkung nicht unterdrücken, daß ich unter Essig im Geiste unserer Sprache nur den Wein- und Fruchtweinessig verstehe. Nur diesen hat seit alters der Volksmund als „Essig" bezeichnet. Es gibt auch einen Kunstessig, der aus Alkoholvergärung und auf chemischen Wegen gewonnen wird; Gewürzstoffe dieser oder jener Art werden ihm zugesetzt, ebenso wie dies beim Wein- und Fruchtweinessig auch häufig der Fall ist.

Mit dieser etymologischen Bemerkung soll kein absprechendes Werturteil über den Kunstessig abgegeben werden. Derselbe wird von zahlreichen Fabriken Deutschlands und Österreichs in hoher Vollendung geliefert. Er ist unentbehrlich, da der Wein- und Fruchtweinessig nur einen Bruchteil des Bedarfes zu decken vermag. Die Dinge liegen ähnlich wie bei Honig und Kunsthonig. Der Weinessig ist natürlich teuerer. In gesundheitlicher Hinsicht scheint mir Unterscheidung zwischen Weinessig und Kunstessig nicht berechtigt zu sein, wohl aber in geschmacklicher Hinsicht.

Wer sich mit eigenen Augen und ohne jede Statistik über die volkswirtschaftliche Auswirkung der Rohkostbewegung und weit darüber hinaus des ganzen Vegetarianismus unterrichten will, mache einmal einen Rundgang durch solche Geschäfte, die in erster Linie auf Versorgung der Pflanzenköstler, insbesondere der Rohköstler eingestellt sind, und von denen zahlreiche in deutschen und österreichischen Städten „moderne" oder „naturgemäße Ernährung" als Losungswort gewählt haben. Man wird bei solchem Rundgange die erschütternde Tatsache feststellen, daß nur der weitaus kleinere Teil der Waren heimischem Rohstoff entstammt und daß dieser Teil in manchen Geschäften sogar nur ein Minimum beträgt.

Weder Deutschland noch Österreich kann jetzt und in abschätzbarer zukünftiger Frist aus eigner Produktion mehr als einen kleinen Teil derjenigen Nahrungsmittel schöpfen, die die neueren Formen des Vegetarianismus mit ihrem übertriebenen Begehr nach frischer Rohkost (insbesondere Rohgemüse) verlangen. Mit der alten Form des Vegetarianismus konnte man auch bei uns ausreichend und billig sich beköstigen, da Milch und Milchprodukte, Kartoffeln, Brot und Mehlspeisen den Nährwert beherrschten. Starkes Heranziehen der Rohkost im Sinne der neuzeitlichen Propaganda verbilligt die Gesamtkost in südlichen Ländern Europas, erst recht in den Südtropen und Tropen. Bei uns schraubt sie die Kosten stark in die Höhe, d. h. bei einiger Abwechslung mindestens um etwa 50% höher, als die Ausgaben für eine durchaus zweckmäßige, nach allen Richtungen — auch in bezug auf Vitamine — den Bedarf deckende, gemischt vegetabil-animalische Volkskost betragen. Wenn die Rohkost eine den Wünschen ihrer Propaganda entsprechende Verbreitung fände, müßten bei dem jetzigen Stande der Dinge in Deutschland mindestens 25—30%, in Österreich wahrscheinlich 50—60% der Gesamtkosten für Volksernährung an das Ausland abgeführt werden. Für die Ernährung Kranker wird Rohkost sicher starke Bedeutung haben, nach manchen Richtungen vielleicht geringeren Maßes als man jetzt annimmt, nach anderen Richtungen hin vielleicht neues Gebiet erobernd. Für die Volksernährung ist sie nur als Beikost zweckmäßig und empfehlenswert, als ein Hauptstück der Gesamternährung aber wegen ihrer früher besprochenen Eigenheiten unzweckmäßig. Vom volkswirtschaftlichen Standpunkte aus ist die neuerdings für sie gemachte hemmungslose Propaganda geradezu eine landesverräterische Utopie.

XVI. Schlußwort.

Über breites Gelände streifte diese Abhandlung eklektisch hin. Es liegt im Geiste unserer revolutionären Zeit, alles, was neu ist, aber auch das, was nur als neu erscheint, zu übertreiben und zu überwerten und auf allen Gebieten die Lehren der Vergangenheit zu unterwerten. Da es sich bei Gestaltung der Volksernährung und bei dem starken Einfluß, der auf diese von der Krankenkost jetzt ausströmt, auch bei letzterer um Fragen handelt, die für künftige Volksgesundheit von größtem Belang sind, ist die Mahnung berechtigt, daß wir Ärzte uns hüten sollen, das „Neue“ nur wahrer oder vermeintlicher Neuheit wegen für gut und richtig zu halten und daß wir bei aller Beachtung und Wertschätzung des Neuen niemals entwicklungsgeschichtliche Tatsachen der Volksernährung und frühere Forschungsergebnisse der Ernährungslehre vergessen dürfen. Dann, aber auch nur dann, werden wir aus der neuzeitlichen Ernährungsrichtung reichen Gewinn ziehen.

Gerade die außerordentliche Tragweite, die ich der Ernährungstherapie und ihrer weiteren Entwicklung beimesse, gibt mir das Recht und legt mir die Pflicht auf, am Schlusse meiner Ausführungen noch die Mahnung an die Ärzte zu richten, bestimmten Kostformen, mögen sie alt oder neu sein, nicht ein Selbstherrscherrecht einzuräumen und sich ihnen nicht gewissermaßen grundsätzlich zu verschreiben. Die Gefahr besteht. Namentlich bei den Ärzten deutschen Kulturgebietes wird die Mahnung verstanden und gewürdigt werden. Denn im Gegensatz zu manchen anderen Medizinschulen ist von unseren Meistern stets auf kritische Auswahl unter den verschiedensten Heilmethoden und auf deren Anpassung an die Einzelpersönlichkeit stärkstes Gewicht gelegt worden. Was würde man wohl von einem Arzt denken, der sich brüstet, er ließe Kranke mit Ulcus, mit Appendicitis, mit Gallensteinen usw. grundsätzlich operieren oder nicht operieren? Mit gleicher Sorgfalt und Überlegung und mit gleichem Verantwortungsgefühl wie angesichts einer Operation muß der Arzt an die Wahl einer diätetischen Methode herantreten. Wir Vorkämpfer für die Ernährungstherapie haben seit Jahrzehnten die starke Wirkkraft derselben betont, und es ist uns durchaus geläufig, daß es auf diesem Gebiete ebenso schwerwiegende Entscheidungen und Auswirkungen gibt, wie bei Entscheidung über Operieren und Nicht-Operieren.

Ich schließe meine Ausführungen über Ernährungsfragen, über Aufgaben der Ernährungstherapie und deren Anwendungsbreite mit dem Mahnworte:

Videant Consules.

Literaturverzeichnis.

(1) Bálint, R.: Über die Ulcusschmerzen. Boas-Archiv **43**, 52 (1928). Reaktionsregulation der Gewebe. Verh. Ges. Verdgskrkh. **7**, 59 (1928). — (2) Batocki, A. v.: Die Landwirtschaft als Glied der Volkswirtschaft. Naturwiss. **18**, 976 (1930). — (3) Becher, E.: Interstinale Autointoxikationen. Klin. Wschr. **1931**, Nr 22/23. — (4) Berg, R.: Kontrolle des Mineralstoffwechsels. Dresden 1930. Eiweißbedarf und Mineralstoffwechsel bei einfachster Ernährung. Dresden 1931. Siehe auch frühere Arbeiten des gleichen Verfassers. — (5) Berg, W.: Über spezifische, in den Leberzellen nach Eiweißfütterung auftretende Gebilde. Anat. Anz. **42**, 251 (1912). — (6) Bircher-Benner, M.: Eine neue Ernährungslehre, 1. Aufl. 1924, 4. Aufl. Zürich 1928. — (7) Bircher-Benner, M.: Das Kleinod der Pandora. Der Wendepunkt **1931**, Nr 5/6. — (8) Blum, V.: Die Nierensteinwelle und ihre mutmaßlichen Ursachen. Wien. klin. Wschr. **1931**, Nr 18/19. — (9) Blumenfeld, F.: Die Ernährung der Lungenschwindsüchtigen. Berl. klin. Wschr. **1899**, 49. — (10) Bortels, H.: Sandboden und Volksernährung. Umsch. **1930**, Nr 43 (dort F. Merkenschlager zitiert). — (11) Bunge, G. v.: Lehrbuch der physiologischen und pathologischen Chemie, S. 110ff. 1889.

(12) Caspari, W.: Gibt es eine Diät für Krebskranke? Umsch. **1930**, Nr 36. — Rohkost und Krebskrankheit. Ztschr. für Volksernährung und Diätkost. **1931.** Nr. 3. (13) Chiari, R., u. H. Januschke: Hemmung von Transsudat-Exsudatbildung durch Calciumsalze. Arch. f. exper. Path. **65**, 121 (1911). — (13a) Cloetta, M.: Wie steht es mit der Campher-Therapie. Schweiz. med. Wschr. **1931**, Nr 11.

(14) Dapper-Saalfeld, C. v.: 25jährige Sanatoriumserfahrung über Durstkuren. Ther. Mh. **1918**, 307. Ferner: Über Hungerkuren und über einseitige Nährstoffentziehung. Z. klin. Med. **109**, 41 (1928). — (15) Durig, A.: Über physiologische Grundlagen bei der Ernährung Tuberkulöser. Wien 1930 (auch Wien. med. Wschr. **1930**, Nr 23/24).

(16) Falta, W.: Ist die Gersonkost bei Tuberkulose zu empfehlen? Wien. klin. Wschr. **1930**, Nr 5. — (17) Fanconi, G.: Der intestinale Infantilismus und ähnliche Formen der chronischen Verdauungsstörung. Ihre Behandlung mit Früchten und Gemüsen. Berlin: Karger 1928. Die Früchtediät bei akuten Verdauungsstörungen des Kindes. Dtsch. med. Wschr. **1930**, Nr 46.

(18) Gärtner, G.: Zur Prophylaxe der nächtlichen Wadenkrämpfe. Wien. klin. Wschr. **1929**, Nr 7. — (19) Gerson, M.: Einiges zur Diätbehandlung der Lungentuberkulose. Z. ärztl. Fortbildg **26**, Nr 11 (1930). — (20) Gerson, M.: Meine Diät. Berlin 1930. — (21) Gollitzer-Meyer, Kl.: Die Regulierung der Wasserstoffionenkonzentration Handbuch der norm. u. patholog. Physiologie **16**, 1071. Berlin: Julius Springer 1930. — (22) Gräfe, E.: Zur Frage der Luxuskonsumption. Kongreßzbl. inn. Med. **28**, 546 (1911). — (23) Grote, F.: Die ungesalzene Kost. Schweiz. med. Wschr. **1931**, Nr 3.

(24) Haig, A.: On uric acid. London 1892 u. a. O. — (25) Heisler, A.: Roh-Äpfeltage bei sämtlichen diarrhoischen Zuständen im Säuglingsalter sowie bei Erwachsenen. Fortschr. Ther. **1931**, Nr 9. — (26) Herrmannsdorfer, A.: Zur Frage des Einflusses der Ernährung auf Wundinfektion und Wundheilung Arch. klin. Chir. **138**, 396 (1925). — (28) Herrmannsdorfer, M., u. A.: Praktische Anleitung zur kochsalzfreien Ernährung Tuberkulöser. Leipzig 1929 — (29) Herxheimer, G.: Über die therapeutische Verwendung des Kalkbrotes.

Berl. klin. Wschr. **1897**, 423. — (30) Hirsch, C.: Abschnitt „Krankheiten der Nieren" in P. Krause u. C. Garré: Ther. inn. Krankh. 1. Aufl. Bd 2. Jena 1911. — (31) Hoyle, J. Cl.: Some aspects of Calcium Metabolism in relation to therapeutics. The Practioner **1930**, 398. — Hayduck, F.: Die Entwicklung der Hefetrocknerei. Internat. Agrartechn. Rundschau **1913**, Nr 5.

(32) Jagic, N. v., u. H. Salomon: Über Diätkuren bei kardialen Hydropsien. Wien. klin. Wschr. **1917**, Nr 18. — (33) Jesionek, A., u. L. Bernhardt: Diätetische Behandlung der Hauttuberkulose und Ernährungsbiologie. Leipzig: J. A. Barth 1930.

(34) Keinig, E., u. G. Hopf: Über das Wesen der vegetativen Störungen usw. Dtsch. med. Wschr. **1931**, Nr 5. — (35) Kroetz, Ch.: Theoretische und praktische Grundlagen der Diätbehandlung mit sauren und alkalischen Kostformen. Münch. med. Wschr. **1929**, Nr 43/44.

(36) Lampé, E.: Früchtetage bei Diabetes mellitus. Ther. Mh. **1918**, 337. — (37) Lang, Th.: Die Gefahr der Demineralisation und Transmineralisation unserer Nahrungsmittel. Schweiz. med. Wschr. **1930**, Nr 10. — (38) Lange, F.: Blutdrucksenkung durch körperliche Substanz. Münch. med. Wschr. **1930**, Nr 49. — (39) Lapp, Fr., u. C. Torriani: Blutzuckerkurve nach fraktionierter Obst- und Weißbrotbelastung. (Erscheint in Med. Klin.) — (40) Lapp, Fr., u. H. Neuffer: Behandlung der Ödeme bei chirurgisch Kranken. Arch. klin. Chir. **163**, 345 (1930). — (41) Lehmann, K. B.: Kaffee oder Tee? Umsch. **1930**, Nr 51. — (42) Lichtwitz, L.: Klinische Chemie. 2. Aufl. Berlin 1930. — (43) Lorenz, J. F.: Der Kochsalzgehalt der Gersonkost. Med. Welt **4**, Nr 38 (1930). — (44) Luithlen, Fr.: Vorlesungen über Pharmakologie der Haut. Berlin: Julius Springer 1921.

(45) Magnus-Levy, A.: Von Basen und Säuren beim kranken Menschen. (Leyden-Vorlesung.) Leipzig 1930. — (46) Maurizio, A.: Die Getreidenahrung im Wandel der Zeiten. Zürich 1916. — (47) Mayer, J.: Über bisher wenig beachtete Nachteile der Alkalitherapie bei Magenkrankheiten. Boas-Archiv **48**, 318 (1930). — (48) Mayer, L., u. F. Dengler: Untersuchunge nüber den respirat. Gaswechsel bei Stickstoffanreicherung des Körpers. Zbl. Stoffwechs. **1906**, 228. — (49) Müller-Deham, A. v.: Stoffwechsel- und Respirationsversuche zur Frage der Eiweißmast. Zbl. Stoffwechs. **1911**, Nr 15.

(50) Noorden, C. v.: Ausnutzung der Nahrung bei Magenkranken. Z. klin. Med. **17**, 452 (1890). — (51) Noorden, C. v.: Die Bleichsucht. Wien 1897. — (52) Noorden, C. v.: Die Fettsucht. 1. Aufl. Wien 1900. (2. Aufl. 1910.) — (53) Noorden, C. v.: Behandlung der akuten Nephritis und der Schrumpfniere. Slg klin. Abh. H. 2, S. 29. Berlin 1902. Handb. d. Path. d. Stoffw. Bd 1, S. 984. Berlin 1906. — (54) Noorden, C. v.: Über Übungstherapie und über Flüssigkeitsbeschränkung. Mschr. physik. Heilmethoden **1**, 1 (1909). (Vgl. auch Noorden-Salomon: Allg. Diätetik, S. 874. Berlin 1920.) — (55) Noorden, C. v.: Zuckerkrankheit. 5. Aufl. S. 321. Berlin 1910. — (56) Noorden, C. v.: Über Bananen und Bananenmehl. Med. Klin. **1913**, Nr 49. — (57) Noorden, C. v.: Ernährungsfragen der Zukunft. Berlin: Bund deutscher Gelehrter und Künstler 1918. — (58) Noorden, C. v.: Klinik der Darmkrankheiten. München 1921. 2. Aufl. des gleichnamigen Werkes von Ad. Schmidt. — (59) Noorden, C. v.: Über Phosphorsäure in der Kost und als Medikament. Ther. Halbmh. **1921**, 79, 110. — (60) Noorden, C. v.: Abschnitt „Gicht" in P. Krause-C. Garré. Ther. inn. Krankheiten. 2. Aufl. S. 186ff. Jena 1927. — (61) Noorden, C. v.: Über Obstkuren und über Rohkost. Ther. Gegenw. **1928**, Juliheft. (In diesem Aufsatze wurde bereits alles Wesentliche über Rohkost als therapeutisches Hilfsmittel berichtet.) — (62) Noorden, C. v.: Zur Behandlung der Stuhlträgheit. Med. Klin. **1930**, Nr 39. — (63) Noorden, C. v.: Wie wird die Insulinbehandlung in

der hausärztlichen Praxis eingeleitet und beendet. Wien. med. Wschr. **1930,** Nr 17. — (64) Noorden, C. v.: Alte und neue Ernährungsfragen. Dtsch. med. Wschr. **1931,** Nr 1. — (65) Noorden, C. v.: Über Zickzack-Kost. Ther. Gegenw. **1931,** Nr 1. — (66) Noorden, C. v. u. S. Isaac: Verordnungsbuch für Zuckerkranke. /6. Aufl. 1927; 7./8. Aufl. 1929. — (67) Noorden, C. v., u. H. Salomon: Handbuch der allgemeinen Diätetik. Berlin 1920. — (68) Noorden, C. v., u. H. Salomon: „Der Magen" in Handbuch der Ernährungslehre. 2. T. Berlin 1929. — (68a) Noorden, C. v.: Ernährungsfragen von heute. Z. Volksernährg **1931,** Nr 12/13.

(69) Pemberton, R.: Arthritis and rheumatoid condition; their nature and treatment. Philadelphia 1930. — (70) Pulay, E.: Ekzem und Urticaria Erg. Med. **7** (1925).

(71) Romberg, E. v.: Bemerkungen über Chlorose und ihre Behandlung. Berl. klin. Wschr. **1897,** Nr 25. — (72) Rubner, M.: Alte und neue Irrwege auf dem Gebiete der Volksernährung. Berlin: Verlag der Akademie der Wissenschaften 1929. Deutschlands Volksernährung; zeitgemäße Betrachtungen. Berlin: Julius Springer 1930.

(73) Salomon, H.: Über Durstkuren. C. v. Noorden's Slg klin. Abh. **1905,** H. 6. — (74) Salomon, H.: Diät. und medikam. Behandlung kardialer Hydropsien. Dtsch. med. Wschr. **1919,** 320. — (75) Salomon, H., u. G. Wallace: Eigenabscheidung von Stickstoff und Mineralsalzen. Med. Klin. **1909,** Nr 16. — (76) Sauerbruch, F.: Wundinfektion, Wundheilung und Entzündung. Münch. med. Wschr. **1924,** Nr 38. — (77) Sauerbruch, F.: Stellungnahme zu Gerson und Gettkant Med. Welt **1929,** 1351. — (78) Sauerbruch, F., A. Herrmannsdorfer u. M. Gerson: Über Versuche, schwere Formen der Tuberkulose durch diätetische Behandlung zu beeinflussen. Münch. med. Wschr. **1926,** Nr 2/3. — (79) Scheunert, A.: Seefische als wertvolle Vitaminträger. Volksernährg **1929,** Nr 23. — (80) Scheunert, A.: Der Vitamingehalt der deutschen Nahrungsmittel (Obst, Gemüse, Mehl, Brot). 2 Hefte. Berlin: Julius Springer 1930. — (81) Schwarz, H., u. H. Dibold: Diätetische Beeinflussung des Säure-Basenhaushaltes. Dtsch. med. Wschr. **1931,** Nr 31. — (82) Schück, Fr.: Kationenwirkung und Gefäßfunktion bei der Entzündung. Arch. klin. Chir. **145,** 116 (1927). Chemische Wundheilung und Diätfrage. Med. Welt **1930,** Nr 33. — (83) Seidler, L.: Kali für Tier und Mensch. Umsch. **1930,** Nr 47. — (84) Seyderhelm, R.: Indikationen und Durchführung der medikam. Herzbehandlung bei chirurgischen Kranken. Chirurg **1930,** 967. — (85) Straub, H.: Alimentäre Säuerung und Alkalisierung. Ther. Gegenw. **1929,** 481.

(86) Velden, R. v. d.: Wie steht es mit der Campher-Therapie. Fortschr. Ther. **1931,** 222. — (87) Volhard, Fr., u. F. Suter: Nieren und ableitende Harnwege in Handb. der inn. Medizin. Bd 6. 2. Teil. Berlin: Julius Springer 1931. — (88) Volhard, Fr.: Kongreßbl. inn. Med. **1916,** 389. „Merkblatt". Münch. med. Wschr. **1916,** 1346. Aufsatz in Dtsch. med. Wschr. **1918,** Nr 15/16.

(89) Wiechowski, W.: Mineralstoffwechsel und Ionentherapie. Verh. dtsch. Ges. inn. Med. **36,** 6 (1924) (und andere Referenten und Diskussionsredner). — (90) Wolff-Eisner, A.: Kochsalzzufuhr beim Gesunden und Kranken. Med. Welt **1929,** Nr 51. — (91) Westphal, K.: Aussprache über Cholesterinstoffwechsel. Verh. dtsch. Ges. inn. Med. **43,** 216 (1931).

Die Ernährung des Menschen. Nahrungsbedarf, Erfordernisse der Nahrung, Nahrungsmittel, Kostberechnung. Von Dr. **Otto Kestner,** Professor, Direktor des Physiologischen Instituts an der Universität Hamburg, und Dr. **H. W. Knipping,** Privatdozent, früherem Assistenten des Physiologischen Instituts an der Universität Hamburg. Dritte Auflage. Mit zahlreichen Nahrungsmitteltabellen und 10 Abbildungen. VI, 136 Seiten. 1928. RM 5.60

Nahrung und Ernährung des Menschen. Kurzes Lehrbuch von Dr. phil., Dr.-Ing. h. c., Dr. ph. nat. h. c. **J. König,** Geheimem Regierungsrat, o. Professor an der Westfälischen Wilhelms-Universität Münster i. W. Gleichzeitig zwölfte Auflage der „Nährwerttafel". VIII, 213 Seiten. 1926. RM 10.50; gebunden RM 12.—

Die Grundlagen unserer Ernährung und unseres Stoffwechsels. Von Professor Dr. med. et phil. h. c. **Emil Abderhalden,** Geheimem Medizinalrat, Direktor des Physiologischen Instituts der Universität Halle a. d. S. Dritte, erweiterte und umgearbeitete Auflage. Mit 11 Textfiguren. VIII, 166 Seiten. 1919. RM 3.40

Die Ernährung des Menschen mit besonderer Berücksichtigung der Ernährung bei Leibesübungen. Von **Max Rubner,** Geheimem Obermedizinalrat, Professor an der Universität Berlin. III, 48 Seiten. 1925. RM 2.40

Die Vitamine, ihre Bedeutung für die Physiologie und Pathologie. Von **Casimir Funk,** Associate in Biological Chemistry, College of Physicians and Surgeons, Columbia University, New York City, Vorstand der Biochemischen Abteilung, Staatliche Hygieneschule, Warschau. Dritte, vollständig umgearbeitete Auflage. Mit 93 Abbildungen im Text. VIII, 522 Seiten. 1924. RM 27.—; gebunden RM 29.40

Der Vitamingehalt der deutschen Nahrungsmittel. Von Dr. **Arthur Scheunert,** o. ö. Professor und Direktor des Tierphysiologischen Instituts der Universität Leipzig. (Bildet Heft 8 der Sammlung „Die Volksernährung".)

Erster Teil: Obst und Gemüse. Zweite, ergänzte Auflage. Mit 3 Abbildungen. IV, 40 Seiten. 1930. RM 2.40

Zweiter Teil: Mehl und Brot. Mit 8 Abbildungen. III, 25 Seiten. 1930. RM 1.80

Nahrungsstoffe mit besonderen Wirkungen unter besonderer Berücksichtigung der Bedeutung bisher noch unbekannter Nahrungsstoffe für die Volksernährung. Von Professor Dr. med. et phil. h. c. **Emil Abderhalden,** Geheimem Medizinalrat, Direktor des Physiologischen Instituts der Universität Halle a. d. S. (Bildet Heft 2 der Sammlung „Die Volksernährung".) 26 Seiten. 1922. RM 0.30

Moderne Ernährungstherapie für die Praxis des Arztes. Von Dr. **Rudolf Franck,** Facharzt für Innere Krankheiten und Stoffwechselkrankheiten in Leipzig. Mit 3 Abbildungen. V, 184 S. 1931. Geb. RM 7.50
(Verlag von F. C. W. Vogel-Berlin.)

Ernährung. Diätküchen. Kostformen. Bearbeitet von **L. Kuttner, K. Isaac-Krieger, D. Kwilecki.** (Bildet Band VI der „Handbücherei für das gesamte Krankenhauswesen", herausgegeben von Adolf Gottstein.) Mit 11 Abbildungen und 3 Tafeln. IV, 143 Seiten. 1930. RM 10.40; gebunden RM 12.—